AF514806

Painovoima II –
relativistinen planeetan rata

U. KIVI

Painovoima II – relativistinen planeetan rata

Taitto ja kansi: Books on Demand
Kustantaja: BoD – Books on Demand, Helsinki, suomi
Valmistaja: BoD – Books on Demand, Norderstedt, Saksa

ISBN: 978-952-80-4003-3

SISÄLTÖ

ESIPUHE

Tämä kirja on jatko-osa kirjalle /1/: 'Painovoima, Newtonin ja Einsteinin teoria helpolla tavalla'. Em. kirjassa ratkotaan painovoimayhtälöitä normaalista poikkeavalla tavalla. Newtonin teorian kaavat johdetaan käänteisesti normaalimenettelyyn verrattuna. Lähtökohdaksi otetaan havainnot eli elliptinen rata ja teoria kehitetään vaatimalla, että planeetan kiihtyvyys radallaan osoittaa kohti aurinkoa, joka sijaitsee rataellipsin toisessa polttopisteessä. Tällä tavoin saadaan matemaattisesti normaalimenettelyä helpommin planeetan paikka ajan funktiona ja siten myös planeetan nopeus ja kiihtyvyys paikan tai ajan funktiona.

Kirjan /1/ suhteellisuusteoriaa käsittelevässä osassa planeetan radan Eulerin yhtälöt johdetaan eri tavalla kuin normaalisti ja saadaan myös eri yhtälöt kuin normaalisti. Eulerin yhtälöt ratkaistaan sijoittamalla yhtälöihin yritefunktio, joka on summa klassisen mekaniikan mukaisesta ratkaisusta ja tuntemattomasta funktiosta. Näin tuntemattomalle funktiolle saadaan sellainen differentiaaliyhtälö, joka voidaan ratkaista. Kyseessä lienee uudenlainen tapa ratkaista planeetan rata yleisen suhteellisuusteorian mukaan. Edellä esitetyllä tavalla menetellen Eulerin yhtälöistä johdettuun ratayhtälöön tulee vain yksi integroimisvakio, kun normaalimenettelyssä ratayhtälöön tulee kaksi integroimisvakiota. Kirjan /1/ Eulerin yhtälöiden ratkaisu yhdessä ja kahdessa dimensiossa on sopivilla integroimisvakioiden valinnoilla sama kuin 'normaalien' Eulerin yhtälöiden ratkaisu.

Tässä kirjassa jatketaan ratayhtälön kehittelyä lähtökohtana kirjan /1/ tulokset.

1. JOHDANTO

Tässä kirjassa otetaan lähtökohdaksi viitteessä /1/ johdetut Eulerin yhtälöt ja kehitetään käyttökelpoinen menetelmä planeetan radan laskemiseksi yleisen suhteellisuusteorian kaavoilla. Kirjallisuudessa esitetyissä planeetan ratayhtälöissä on kaksi integroimisvakiota, joille saadaan arvot vaatimalla, että ratkaisu lähestyy klassista ratkaisua, kun valonnopeus lähestyy ääretöntä $c \to \infty$ (klassinen raja). Tällainen menettely ei ole matemaattisesti täsmällinen, koska se jättää huomiotta, että ratkaisu saattaisi sisältää sellaisen vakion kertojana, joka lähestyy klassisella rajalla 1:stä. Viitteen /1/ käsittelyssä Eulerin yhtälöt tehdään eri tavalla kuin normaalisti eikä integroimisvakioita tule yhtälöihin, jos kulmanopeuden ratkaisu tehdään siten, että se lähestyy klassista lauseketta klassisella rajalla. Matemaattisesti tähän kuuluisi integroimisvakio. Kulmanopeuden lausekkeessa tämä vakio voidaan kertoa klassisen rataellipsin pikkuakselin puolikkaaseen ja käytännössä tämä vakio piti kuitenkin ottaa viitteessä /1/ implisiittisesti käyttöön ja muuttaa pikkuakselin pituutta siten, että auringon paikka saatiin suhteellisuusteoreettisessa ratkaisussa kohdalleen.

Tässä teoksessa edetään matemaattisesti täsmällisemmin kuin viitteessä /1/. Vaatimalla, että suhteellisuusteorian mukaisen ratkaisun ja klassisen ratkaisun etäisyydet auringosta perihelissä ja aphelissä ovat samat, johdetaan kirjallisuudessa esiintyville integroimisvakioille lausekkeet perihelin ja aphelin etäisyyksien sekä Schwarzschildin säteen funktiona. Osoittautui, että viitteessä /1/ tehty pikkuakselin arvon korjaus on jokseenkin tarkka myös tämän matemaattisesti eksaktimman tarkastelun valossa. Tällainen korjaus voitiin tehdä, koska suhteellisuusteoreettisessa ratkaisussa isoakselin ja pikkuakselin arvot ovat pelkkiä parametreja ilman geometristä tulkintaa, eikä suhteellisuusteoreettinen ratkaisu ole ellipsi vaikkakin hyvin lähellä ellipsiä heikossa painovoimakentässä. Viitteessä /1/ pikkuakselin puolikasta suurennettiin 3018.779 m ja isoakselin arvoa ei muutettu. Näin saatiin auringon paikka klassisessa ratkaisussa ja suhteellisuusteorian mukaisessa ratkaisussa 0.4 mm:n tarkkuudella samaan pisteeseen isoakselilla. Tämän kirjan täsmällisemmän matemaattisen käsittelyn mukaan suurennetaan pikkuakselin puolikasta 3018.79877 m ja isoakselin puolikasta 0.00016 m. Näin saadaan aurinko klassisen ja suhteellisuus teorian mukaan täsmälleen saamalle etäisyydelle perihelissä ja aphelissä (tarkasti puhuen ei voi sanoa, että samaan pisteeseen isoakselilla. koska apheli, periheli ja auringon keskipiste eivät ole samalla suoralla suhteellisuusteorian mukaan).

2. PLANEETAN RATA

2.1 Perusteoria

Viitteessä /1/ on johdettu Eulerin yhtälöt planeetan radalle napakoordinaateissa (yht. 2.8.48 ja 2.8.49).

(2.1.1) $$\ddot{\varphi} = -\frac{2\dot{\varphi}\dot{r}}{r} + \frac{2\dot{\varphi}\dot{r}}{r}\frac{\alpha}{2(r-\alpha)}$$

(2.1.2) $$\ddot{r} = r\dot{\varphi}^2 - \frac{MG}{r^2} - \alpha\dot{\varphi}^2 + \frac{\alpha MG}{r^3} + \frac{3\alpha\dot{r}^2}{2r(r-\alpha)}$$

missä r on planeetan etäisyys auringosta, φ on radan kulmakoordinaatti, α on Schwarzschildin säde M on auringon massa ja G on yleinen gravitaatiovakio.

Integroimalla yhtälö 2.1.1 ajan t suhteen saadaan (viite /1/ lauseke 2.8.60)

(2.1.3) $$\dot{\varphi} = \sqrt{\frac{GM\bar{b}^2}{\bar{a}}\frac{r-\alpha}{r^3}}$$

Parametrit $\bar{a}$ ja $\bar{b}$ ovat muuten mielivaltaisia, mutta klassisella rajalla c → ∞, $a \to 0$ niiden pitää lähestyä klassisen rataellipsin iso- ja pikkuakselin puolikkaita, $\bar{a} \to a$, $\bar{b} \to b$. Tällöin yhtälö 2.1.3 lähestyy vastaavaa klassisen mekaniikan mukaista yhtälöä. Yhtälöstä 2.1.2 saadaan sijoittamalla lauseke 2.1.3 ja ratkaisemalla $\dot{r}^2$ kuten viitteessä /1/ on tehty (viite /1/ lauseke 2.8.69)

(2.1.4) $$\dot{r}^2 = \frac{MG(r-\alpha)^2}{r^3}\frac{2\bar{a}r^2-(\bar{b}^2+r^2)(r-\alpha)}{\bar{a}r^2}$$

Yhtälöistä 2.1.3 ja 2.1.4 voidaan eliminoida aika t, jolloin saadaan suhteellisuusteoreettinen ratayhtälö napakoordinaatistossa (viite /1/ kaava 2.8.71)

(2.1.5) $$r_\varphi^2 == -\frac{r^4}{\bar{b}^2} + \frac{2\bar{a}+\alpha}{\bar{b}^2}r^3 - r^2 + \alpha r$$

Tämä on separroituva differentiaaliyhtälö, jonka integraali on (viite /1/ kaava 2.8.72)

(2.1.6) $$\int_{r_0}^{r} \frac{\bar{b}}{\sqrt{r(2\bar{a}r^2-(\bar{b}^2+r^2)(r-\ \alpha))}} dr = \varphi - \varphi_0$$

Klassisella rajalla c → ∞, $a \to 0, \bar{a} \to a, \bar{b} \to b$ saadaan vastaava klassisen mekaniikan mukainen yhtälö (viite /1/ kaava 2.8.73)

(2.1.7) $$\int_{r_0}^{r} \frac{b}{\sqrt{r^2(2ar-(b^2+r^2))}} dr = \varphi - \varphi_0$$

Merkitään lyhintä etäisyyttä auringosta symbolilla r_1 ja suurinta etäisyyttä auringosta symbolilla r_2. Voidaan laskea, että klassisen rataellipsin isoakselin puolikas ja pikkuakselin puolikkaan neliö saavat arvot

(2.1.8) $$a = \frac{r_1+r_2}{2},\ b^2 = r_1 r_2$$

Tällöin yhtälö 2.1.7 voidaan kirjoittaa

(2.1.9) $$\int_{r_0}^{r} \sqrt{\frac{r_1 r_2}{-r^2(r-r_1)(r-r_2)}} dr = \varphi - \varphi_0$$

Lausekkeen 2.1.7 nimittäjän 4-asteen polynomin nollakohdat ovat $r_{(0)} = 0$, $r_{(3)} = 0$, $r_{(1)} = r_1$ ja $r_{(2)} = r_2$. Nimittäjä on positiivinen välillä $r_1 < r < r_2$ ja planeetan etäisyys auringosta elliptisellä radallaan vaihtelee tällä samaisella välillä.

Voidaan olettaa, että suhteellisuusteorian mukaisessa ratayhtälössä (lauseke 2.1.6), säde r saa klassista mekaniikkaa vastaten sellaiset arvot, joilla nimittäjän neliöjuurilauseke on reaalinen. Tälle ei ole oikein muuta perustetta kuin analogia klassisen mekaniikan mukaiseen ratkaisuun (lauseke 2.1.7) ja että säde r varmaan ottaa kaikki sille mahdolliset arvot kiertoradallaan. Jotta klassista ja suhteellisuusteorian mukaista ratkaisua voitaisiin verrata helposti, vaaditaan, että lausekkeen 2.1.6 nimittäjä on reaalinen samalla välillä kuin klassisessa ratkaisussa eli lausekkeen 2.1.6 juurrettavalla pitää olla samat nollakohdat kuin lausekkeen 2.1.7 juurrettavalla ($r = r_1$ ja $r = r_2$). Merkitään $\bar{a} = a + x$ ja $\bar{b}^2 = b^2 + y$. Tällöin yhtälön (lausekkeen 2.1.1 juurrettavan nollakohdat)

(2.1.10) $$2(a + x)r^2 - (b^2 + y + r^2)(r - \alpha) = 0$$

eli

(2.1.11) $$2ar^2 - (b^2 + r^2)r + 2xr^2 - (b^2 + r^2)\alpha - yr + y\alpha$$
$$= 2xr^2 - (b^2 + r^2)\alpha - yr + y\alpha = 0$$

tulee toteutua r:n arvoilla r_1 ja r_2. Tällöin x ja y saavat arvot

(2.1.12) $$y = \frac{2\alpha a b^2}{b^2 - 2\alpha a}$$

(2.1.13) $$x = \frac{y}{4a} - \frac{\alpha}{2} = \frac{\alpha^2 a}{b^2 - 2\alpha a}$$

ja

(2.1.14) $$\bar{a} = a + x = a + \frac{\alpha^2 a}{b^2 - 2\alpha a} = \frac{r_1 + r_2}{2} \frac{(r_1 - \alpha)(r_2 - \alpha)}{(r_1 - \alpha)(r_2 - \alpha) - \alpha^2}$$

(2.1.15) $$\bar{b}^2 = b^2 + y = b^2 \frac{b^2}{b^2 - 2\alpha a} = r_1 r_2 \frac{r_1 r_2}{r_1 r_2 - \alpha(r_1 + r_2)}$$

Näillä parametrien $\bar{a}$ ja $\bar{b}$ arvoilla klassisen ratkaisun ja suhteellisuusteoreettisen ratkaisun minimi- ja maksimietäisyydet auringosta ovat samat. Klassisella rajalla ($c \to \infty$, $\alpha \to 0$) parametrit $\bar{a}$ ja $\bar{b}$ lähestyvät vastaavia klassisen mekaniikan mukaisia arvoja (lauseke 2.1.8) .

Yhtälön 2.1.10 kolmas juuri r_3 saadaan identiteetistä

(2.1.16) $$2\bar{a}r^2 - (\bar{b}^2 + r^2)(r - \alpha) \equiv r^3 - (r_1 + r_2 + r_3)r^2 + (r_1 r_2 + r_1 r_3 + r_2 r_3)r - r_1 r_2 r_3$$

ja se saa arvon

(2.1.17) $$r_3 = \frac{r_1 r_2 \alpha}{(r_1 - \alpha)(r_2 - \alpha) - \alpha^2}$$

Lauseke 2.1.6 voidaan nyt kirjoittaa

(2.1.18) $$\int_{r_0}^{r} \sqrt{\frac{r_1 r_2 \frac{r_1 r_2}{r_1 r_2 - \alpha(r_1+r_2)}}{r(r-r_1)(r_2-r)(r-\frac{r_1 r_2 \alpha}{(r_1-\alpha)(r_2-\alpha)-\alpha^2})}}\, dr = \varphi - \varphi_0$$

eli

(2.1.19) $$\int_{r_0}^{r} \frac{r_1 r_2}{\sqrt{r(r-r_1)(r_2-r)(r(r_1 r_2-\alpha(r_1+r_2))-r_1 r_2 \alpha)}}\, dr = \varphi - \varphi_0$$

Lausekkeessa 2.1.19 ratayhtälö on ilmaistu tunnettujen parametrien r_1, r_2 ja α eli radan minimietäisyyden, maksimietäisyyden ja Schwarzschildin säteen avulla.

2.2 Laskenta metodit

Lähtien Eulerin yhtälöistä on planeetan radalle johdettu yhtälö (lauseke 2.1.6) napakoordinaateissa r ja φ. Lauseke sisältää kaksi integroimisvakiota $\bar{a}$ ja $\bar{b}$. Kun on valittu $\bar{a}$:lle ja $\bar{b}$:lle arvot planeetan ratayhtälön ratkaisu $r = r(\varphi)$ saadaan numeerisesti integroimalla lauseke 2.1.6. Mutta integroimisen suorittamiseksi tarvitaan tieto säteen r vaihteluvälistä. Klassisen mekaniikan ratayhtälössä 2.1.7 r saa sellaiset arvot, joilla nimittäjän juurrettava on positiivinen ja neliöjuuri siis reaalinen. Ilman parempaa tietoa voidaan olettaa, että myös lausekkeessa 2.1.6 r saa arvot, joilla nimittäjän juurrettava on positiivinen, eli menettely planeetan radan laskemiseksi on seuraava (tapa 1)

Tapa 1 planeetan radan laskemiseksi

1. Valitse auringon tai mustan aukon massa ja laske Schwarzschildin säde α
2. Valitse parametreille $\bar{a}$ ja $\bar{b}$ arvot.
3. Integroi lauseke 2.1.6 numeerisesti r:n arvosta r_1 arvoon r_2, missä r_1 ja r_2 ovat nimittäjän juurrettavan 4-asteen polynomin suurimmat nollakohdat. 4-asteen polynomi on positiivinen välillä $r_1 < r < r_2$. Nyt on laskettu puoli kierrosta auringon ympäri.
4. Koko kierroksen laskemiseksi integroi r:n arvosta r_2 arvoon r_1.
5. Toista kohdat 3 ja 4 jos haluat laskea useampia kierroksia

Tämä on luonteva tapa ratkaista planeetan rata eli on annettu rataa kuvaava yhtälö ja ratkaistaan se. Ratkaisussa tarvitaan 4-asteen polynomin f(r) nollakohdat. Liitteessä 1 listatussa FORTRAN kielisessä ohjemassa juurien määritys tehdään kahdellakin tavalla – aliohjelmat NUMROOTS ja ANAROOTS – eli numeerisesti ja analyyttisesti (liite 3).

Tapa 2 planeetan radan laskemiseksi

Jos halutaan, että radalla on tietty etäisyys auringosta perihelissä ja aphelissä on luontevaa käyttää tapaa 2. Nyt parametrit r_1, r_2 ja α annetaan inputissa ja parametrit $\bar{a}$ ja $\bar{b}$ lasketaan kaavoista 2.1.14 ja 2.1.15. Tätä menettelyä on hyvä käyttää silloin, kun halutaan verrata tietyn planeetan suhteellisuusteorian mukaan laskettua ja klassisen mekaniikan mukaan laskettua rataa. Tällöin menettely radan laskemiseksi on seuraava

1. Valitse auringon tai mustan aukon massa ja laske Schwarzschildin säde α
2. Valitse etäisyyksille perihelissä ja aphelissä r_1 ja r_2 arvot
3. Laske parametreille $\bar{a}$ ja $\bar{b}$ arvot lausekkeide 2.1.14 ja 2.1.15 avulla.
4. Integroi lauseke 2.1.6 numeerisesti r:n arvosta r_1 arvoon r_2.
5. Nyt on puoli kierrosta laskettu. Jos haluat jatkaa radan laskemista koko kierrokseen, integroi lauseke 2.1.6 numerisesti r:n arvosta r_2 arvoon r_1.
6. Toista kohdat 4 ja 5, jos haluat laskea useampia kierroksia.

2.3 FORTRAN-ohjelma planeetan radan laskemiseksi

Planeetan rata lasketaan suhteellisuusteorian mukaan integroimalla lauseke 2.1.6 numeerisesti. Klassisen mekaniikan mukainen ratkaisu saadaan integroimalla lauseke 2.1.7 numeerisesti. Lasku voidaan tehdä edellä esitetyllä kahdella eri tavalla (ohjelman muuttujalle MOD annettu joko arvo -1 tai 1). Ohjelmalistaus on esitetty liitteessä 1. Listatulla ohjelmaversiolla on laskettu alla kappaleessa 3.1 esitetty laskentatapaus 1, joka on Merkuriuksen radan laskenta klassisen mekaniikan ja suhteellisuusteorian mukaan. Inputin lyhyyden vuoksi se on kirjoitettu ohjelmaan sisään. Laskentatapauksessa 1 on käytetty laskutapaa 2, jolloin päästään helposti vertaamaan klassista ratkaisua ja suhteellisuusteorian mukaista ratkaisua.

Laskentatapauksissa 2 – 8 tutkitaan auringon tai mustan aukon massan vaikutusta planeetan rataan. Kaikissa tapauksissa laskenta on suoritettu laskutapaa 1 käyttäen.

Kaikissa laskentatapauksissa parametreille $\bar{a}$ ja $\bar{b}$ on annettu Merkuriuksen radan klassiset arvot (isoakselin puolikas ja pikkuakselin puolikas) eli

(2.3.1) $$\bar{a} = a = 5.79091755E10$$

(2.3.2) $$\bar{b} = b = 5.66716379E10$$

Laskentatapauksissa on varioitu auringon massaa (kerrottu luvuilla 0.4E6, 1.0E6, 2.522090E6, 2.522091E6, 3.0E6, 30E6 ja 300E6) ja laskettu vastaava Schwarzschildin säde. Radan perihelin ja aphelin etäisyydet on saatu 4-asteen polynomin

(2.3.3) $$f(r) = r\left(2\bar{a}r^2 - (\bar{b}^2 + r^2)(r - \alpha)\right) = 0.$$

juurista. Polynomin f(r) neliöjuuri on lausekkeen 2.1.6 integroitavan nimittäjässä.

Kunkin laskentatapauksen yhteydessä kerrotaan, mitä on ohjelmassa on muutettu verrattuna laskentatapaukseen 1.

2.4 Klassinen ratkaisu planeetan radalle

Tutkitaan aluksi klassisen mekaniikan mukaista ratkaisua planeetan radalle, jolloin saadaan hyvä referenssi, johon verrata muita laskuja. Käytetään ensimmäisessä laskussa planeetta Merkuriuksen arvoja: säde perihelissä r_1 = 46001272000.0 ja säde aphelissä r_2 = 69817079000.0. Tällöin isoakselin ja pikkuakselin puolikkaille voidaan laskea kaavoista 2.1.8 arvot a = 57909175500, b = 56671637009.39376.Vakioille on käytetty arvoja: valonnopeus c = 2.99792458E8, auringon massa M = 1.9891E30, yleinen gravitaatiovakio G = 6.67428E-11. Lausekkeen 2.1.7 nimittäjän juurrettava on neljännen asteen polynomi

(2.4.1) $$f(r) = r^2(2ar - (b^2 + r^2))$$

ja se on piirretty kuvaan 1. Klassisen mekaniikan mukainen ratkaisu planeeetan radalle r = r(φ) saadaan integroimalla lauseke 2.1.7 numeerisesti arvosta r = r_1 arvoon r = r_2 ja sitten arvosta r = r_2 arvoon r = r_1 jne. Tässä r_1 ja r_2 ovat siis 4-asteen polynomin 2.4.1 suurimmat nollakohdat. Myös analyyttinen ratkaisu on olemassa ja se on tunnetusti ellipsi.

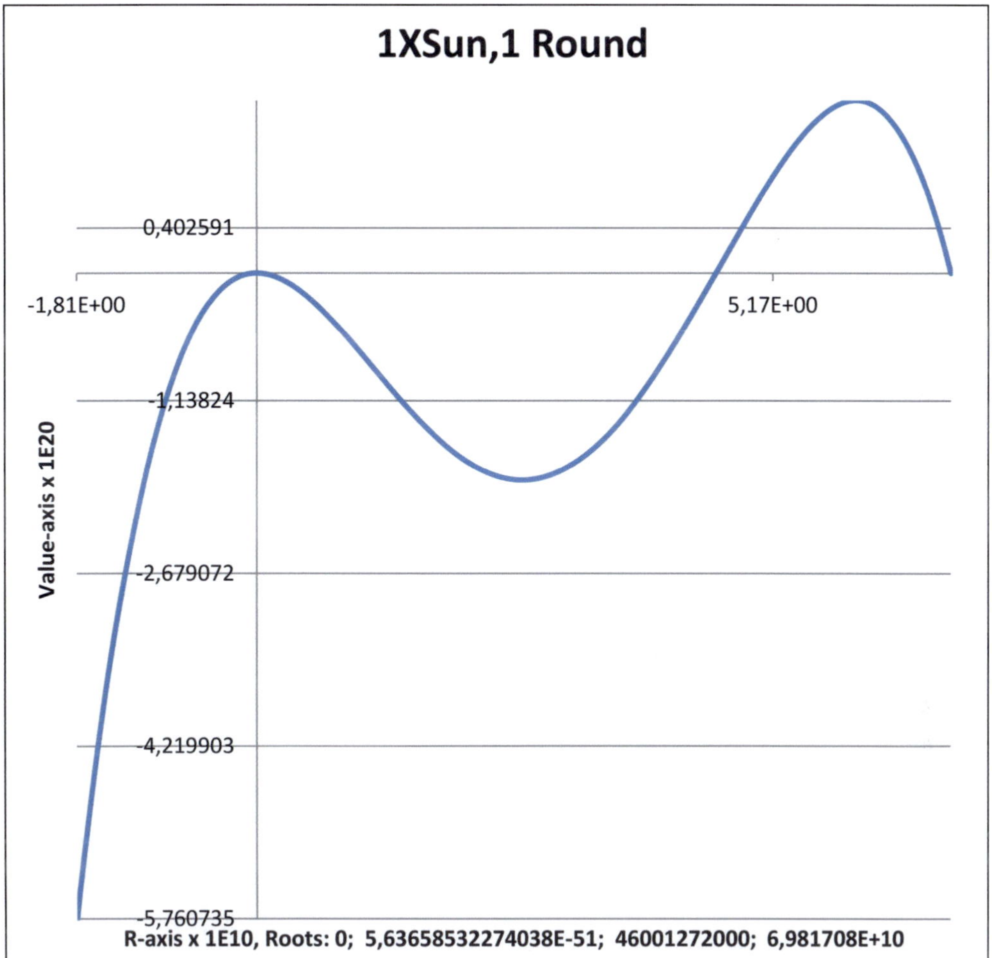

Kuva 2.4.1: 4-asteen polynomi Merkuriuksen klassisella radalla

Alaspäin aukeavan neljännen asteen polynomin tapaan polynomin f(r) kuvaajalla on kaksi maksimia ja niiden välissä minimi. Tässä tapauksella neljännen asteen polynomin nollakohdat ovat: kaksoisjuuri $r_{3,4} = 0$ ja $r_1 = 4.6001272E10$ ja $r_2 = 6.981708E10$. Planeetan etäisyys r vaihtelee välillä r_1 ja r_2 ja tällä välillä neljännen asteen polynomi on positiivinen ja lausekkeen 2.1.7 neliöjuuri on reaalinen.

2.5 Planeetan rata suhteellisuusteorian mukaan

Suhteellisuusteorian mukainen ratkaisu planeeetan radalle saadaan integroimalla lauseke 2.1.6 numeerisesti (analyyttista ratkaisua ei liene olemassa). Lauseke 2.1.6 eroaa lausekkeesta 2.1.7 vain siten, että nimittäjän juurrettavan neljännen asteen polynomissa f(r) Schwarzschildin säde α saa nollasta poikkeavan arvon. Polynomin f(r) lausekkeesta nähdään, että α:n kasvaessa f(r) kasvaa positiivisilla r ja kasvu on sitä suurempaa mitä suurempi r on, tällöin myös polynomin f(r) nollakohdat muuttuvat. Schwarzschildin säteen kasvaessa polynomin f(r) kuvaaja nousee kokonaisuudessaan ylöspäin positiivisilla r. Tällöin myös polynomin minimi nousee lopulta arvoon 0 ja sitten edelleen positiiviseksi. Lausekkeesta 2.1.6 nähdään, että tietyllä säteen r muutoksella Δr kulma φ kasvaa sitä enemmän mitä pienempi f(r) on ko. r:n arvolla. Mitä lähempänä r-akselia polynomin f(r) minimi on, sitä suuremmalla r:n vaihteluvälillä f(r) on pieni lähellä minimiä. Tällöin kulma φ kasvaa hyvin paljon pienilläkin r:n muutoksilla. Ääritapauksessa f(r):n minimi saa arvon 0 perihelissä ($r = r_1$). Tällöin planeetta kiertää mustaa aukkoa äärettömän kauan lähestyen äärettömän hitaasti perihelin etäisyyttä (ks. laskentatapaukset kappaleissa 3.4 ja 3.5). Fysikaalisesti on järkevää ajatella, että planeetan radan säde r saa kaikki sille mahdolliset arvot eli arvot joilla polynomi f(r) on positiivinen. Tällöin rataa laskettaessa integrointi lausekkeessa 2.1.6 pitää tehdä arvosta $r = r_1$ arvoon $r = r_2$, missä r_1 ja r_2 ovat polynomin f(r) suurimmat nollakohdat.

Polynomi on piirretty Merkuriuksen tapauksessa kuvaan 2.4.2. Kuvan 2.4.2 polynomi poikkeaa vain vähän kuvan 2.4.1 polynomista. Jäljempänä kappaleessa 3.1 esitetyssä laskentatapauksessa 1 käytetään laskutapaa 2 (rata lasketaan integroimalla lauseke 19) radan määrittämiseksi, joten vastaavaa 4-asteen polynomia ei kuvaa kumpikaan kuvista 2.4.1 tai 2.4.2. Tämän tapauksen 4-asteen polynomilla on samat suurimmat juuret kuin kuvan 2.4.1 polynomilla, mutta kolmas juuri on lähes sama kuin kuvassa 2.4.2. Tämä kuvaaja ei eroa kuvien erotustarkkuudella kuvien 2.4.1 ja 2.4.2 kuvaajista, joten sille ei ole piirretty omaa kuvaa.

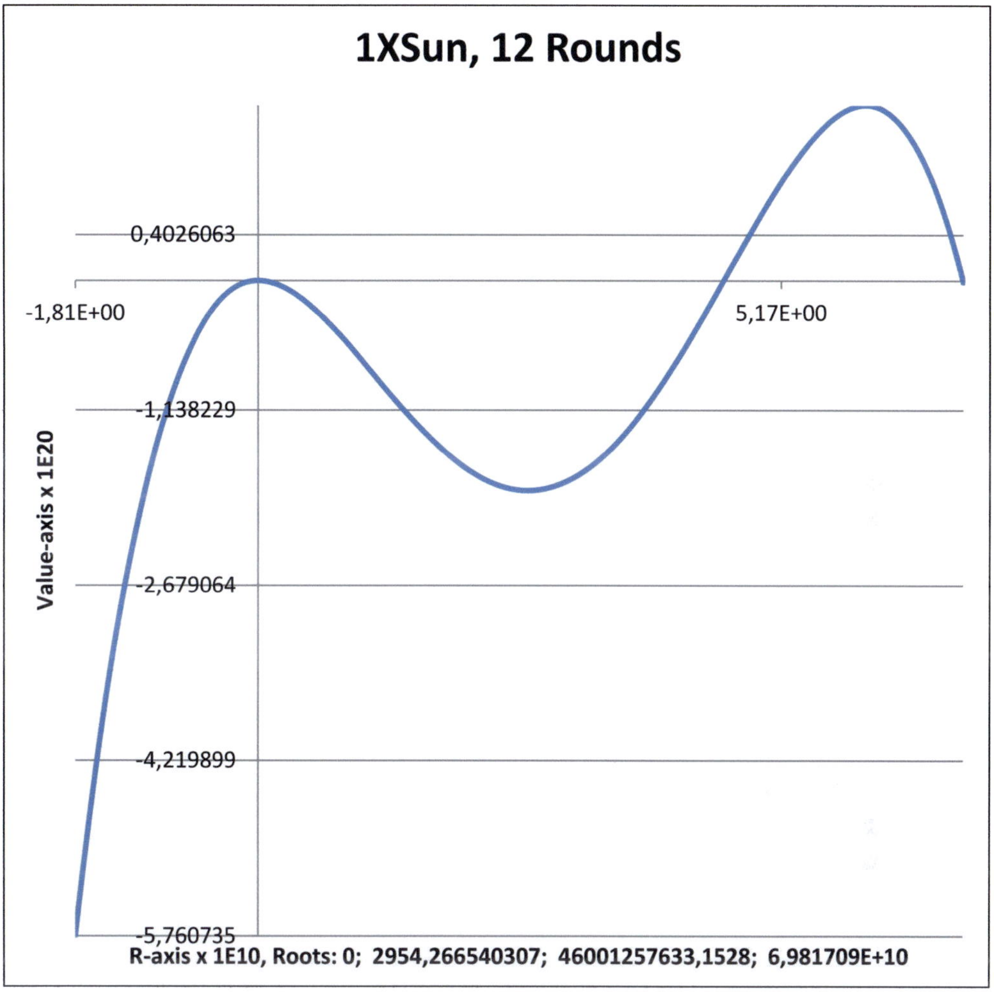

Kuva 2.4.2: 4-asteen polynomi Merkuriuksen radan kohdalla

3. LASKENTATAPAUKSET

3.1 Laskentatapaus 1: Merkuriuksen rata Newtonin ja Einsteinin mukaan

Käytetään ensimmäisessä laskussa planeetta Merkuriuksen arvoja: säde perihelissä r_1 = 46001272000.0 ja säde aphelissä r_2 = 69817079000.0. Tällöin isoakselin ja pikkuakselin puolikkaille voidaan laskea kaavoista 2.1.8 arvot a = 57909175500, b = 56671637009.39376. Vakioille on käytetty arvoja: valonnopeus c = 2.99792458E8, auringon massa M = 1.9891E30, yleinen gravitaatiovakio G = 6.67428E-11. Schwarzschildin säteelle saadaan tällöin arvo 2954.27. Käytetään laskentatapaa 2 eli rata lasketaan integroimalla lauseke 2.1.19 (tai ekvivalentisti integroimalla lauseke 2.1.7 parametrien $\bar{a}$ ja $\bar{b}$ arvoilla, jotka on laskettu kaavoilla 2.1.14 ja 2.1.15 eli arvoilla $\bar{a}$ = 57909175500.00016 ja $\bar{b}$ = 56671640028.17253). Tällöin suhteellisuusteoreettisen ratkaisun apheli ja periheli sijaitsevat samalla etäisyydellä auringosta kuin klassisessa ratkaisussa. Koska säde r on monotonisesti laskeva, kun planeetta etenee aphelistä periheliin, voidaan verrata suhteellisuusteorian mukaan laskettua ja klassisen teorian mukaan laskettua atzimuuttikulmaa toisiinsa samalla säteellä r ja saada näin paikallinen (differentiaalinen) perihelin edistymä. Lasketaan 12 kierrosta auringon ympäri perihelin edistymän stabiilisuuden tutkimiseksi.

Radan atzimuuttikulma saadaan suhteellisuusteorian mukaan ja klassisen mekaniikan mukaan integroimalla lausekkeet 2.1.6 ja 2.1.7 numeerisesti. Integrointi on suoritettu kummallekin yhtälölle arvosta r_2 arvooo r_1. Numeerisen integroinnin perusvälejä on 7 kpl ja niiden suhteelliset pituudet ovat 1, 1E4, 1E7, 1E12, 1E7, 1E4, 1. Välit on jaettu osaväleihin seuraavasti: 1E7, 1E7, 1E7, 1E6, 1E7, 1E7, 1E7. Tämä on numeeerisen integroinnin perusjako. Perusjako voidaan vielä jakaa yhteisellä jakajalla, jolle on annettu tämän kirjan kaikissa laskuissa joko arvo 1 tai 5. Jako on itseasiassa liian karkea ja pitäisi käyttää jakajalle esim arvoa 5000. Karkealla jaolla ei kuitenkaan tunnu olevan suurta vaikutusta itse radan muotoon eikä kaavalla 3.1.1 laskettuun perihelin edistymään. Virhe näkyy verrattaessa sädettä r kaavasta 3.1.3 laskettuun rataellipsin säteeseen. Karkea jako on kuitenkin välttämätön, koska tiheämällä jaolla usean kierroksen laskenta kestäisi liian kauan. Puolen kierroksen laskenta kestää noin kuukauden parhaalla omistamallani läppärillä, jos käyttää hyvin tiheää jakoa.

Perihelin edistymä (kulmasekuntia maan sadassa vuodessa) on laskettu kaavasta

(3.1.1) $$\frac{\varphi-\varphi_{kl}}{\varphi_{kl}} * 360 * 3600 * \frac{100}{0.2408},$$

missä jakaja 0.2408 tulee siitä, että Merkuriuksen vuosi on 0.2408 maan vuotta. Kaavassa 3.1.1 φ_{kl} on atzimuuttikulma Newtonin teorian mukaan ja φ on atzimuuttikulma Einsteinin teorian mukaan. Lawdenin kirjassa /2/ on esitetty kaava suhteelliselle edistymälle (kaava 53.22, sivu 50). Tämän kirjan merkinnöin kaava voidaan esittää muodossa

(3.1.2) $$\frac{\varphi-\varphi_{kl}}{\varphi} = \frac{3\alpha(r_1+r_2)}{4r_1r_2} \text{ eli } \frac{\varphi-\varphi_{kl}}{\varphi_{kl}} = \frac{3\alpha(r_1+r_2)}{4r_1r_2-3\alpha(r_1+r_2)}$$

Laskentatapauksissa 2 – 8 auringon massaa on muutettu, eikä Merkuriuksen vuosi ole tällöin 0,2408 maan vuotta. Yksinkertaisuuden vuoksi perihelin edistymä on näissäkin tapauksissa laskettu kaavasta 3.1.1 ja tällöin edistymä ei edusta arvoa maan sadassa vuodessa. Liitteeessä 2 on esitetty Merkuriuksen radan laskentatulos. Aluksi on tulostettu input suureita ja laskettuja vakioita. Varsinainen laskentatulos alkaa otsikon 'calculation result' jälkeen. Ensimmäisessä sarakkeessa on kaavan 2.1.6 numeerisen integroinnin antama kulma eli suhteellisuusteorian antama kulma. Toisessa sarakkeessa on Merkuriuksen radan säde, jota on käytetty kaavan 2.1.6 numeerisessa integroinnissa. Kolmannessa sarakkeessa on ellipsin yhtälöstä

(3.1.3) $$r = \frac{b^2}{a+c*cos\varphi}$$

laskettu Merkuriuksen radan säde (kulmana käytetty ensimmäisen sarakkeen arvoa ja c on tässä rataellipsin polttopisteen – siis auringon – etäisyys ellipsin keskipisteestä). Neljännessä sarakkeessa on toisen ja kolmannen sarakkeen arvojen erotus eli suhteellisuusteoreettisen ja klassisen ratkaisun erotus samalla radan atzimuuttikulmalla. Toisella rivillä ensimmäisessä sarakkeessa on kaavan 2.1.7 numeerisen integroinnin antama kulma (klassisen mekaniikan antama tulos). Toisessa sarakkeessa on perihelin edistymä (integraalinen), joka on laskettu kaavasta 3.1.1 ja kolmannessa sarakkeessa on paikallinen (differentiaalinen) perihelin edistymä.

Kuvassa 3.1.1 on esitetty Merkuriuksen rata klassisen mekaniikan ja suhteellisuusteorian mukaan laskettuna. Kuvaan on myös piirretty ympyrä Schwarzschildin säteen kohdalla origoon, mutta se on liian pieni näkyäkseen.

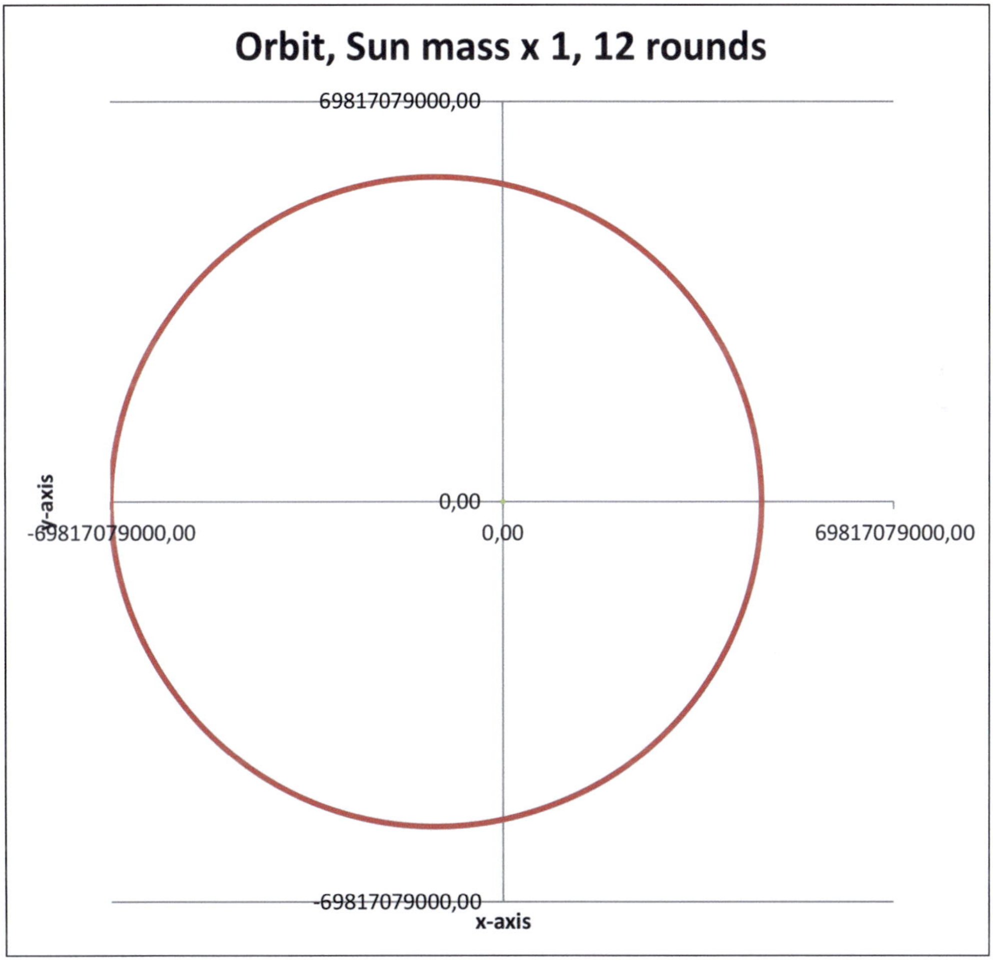

Kuva 3.1.1: Merkuriuksen rata klassisen mekaniikan mukaan ja suhteellisuusteorian mukaan.

Klassinen ja suhteellisuusteorian mukaan laskettu rata menevät kuvan erotustarkkuudella täysin päällekäin. Kuvassa 3.1.2 on esitetty perihelin edistymä kulman funktiona. Kuvasta 3.1.2 nähdään, että differentiaalinen edistymä riippuu jaksollisesti kulmasta ja on joka kierroksella samassa paikassa saman suuruinen. Integraalinen edistymä konvergoi planeetta Merkuriuksen tapauksessa kohti arvoa 43.0037 kierrosten lukumäärän kasvaessa. Lisäksi integraalisen edistymän arvo on joka kierroksella aphelissa ja perihelissä 43.0037 eli se samainen arvo, johon se konvergoi kierrosten lukumäärän kasvaessa.

Tietokonelaskun antama suhteellinen edistymä saadaan jakamalla 43.0037 luvulla 360*3600*100/0.2408 = 5.382E8 ja tulos on 7.9E-8. Kaavasta 3.1.2 laskemalla saadaan sama tulos 7.9E-8.

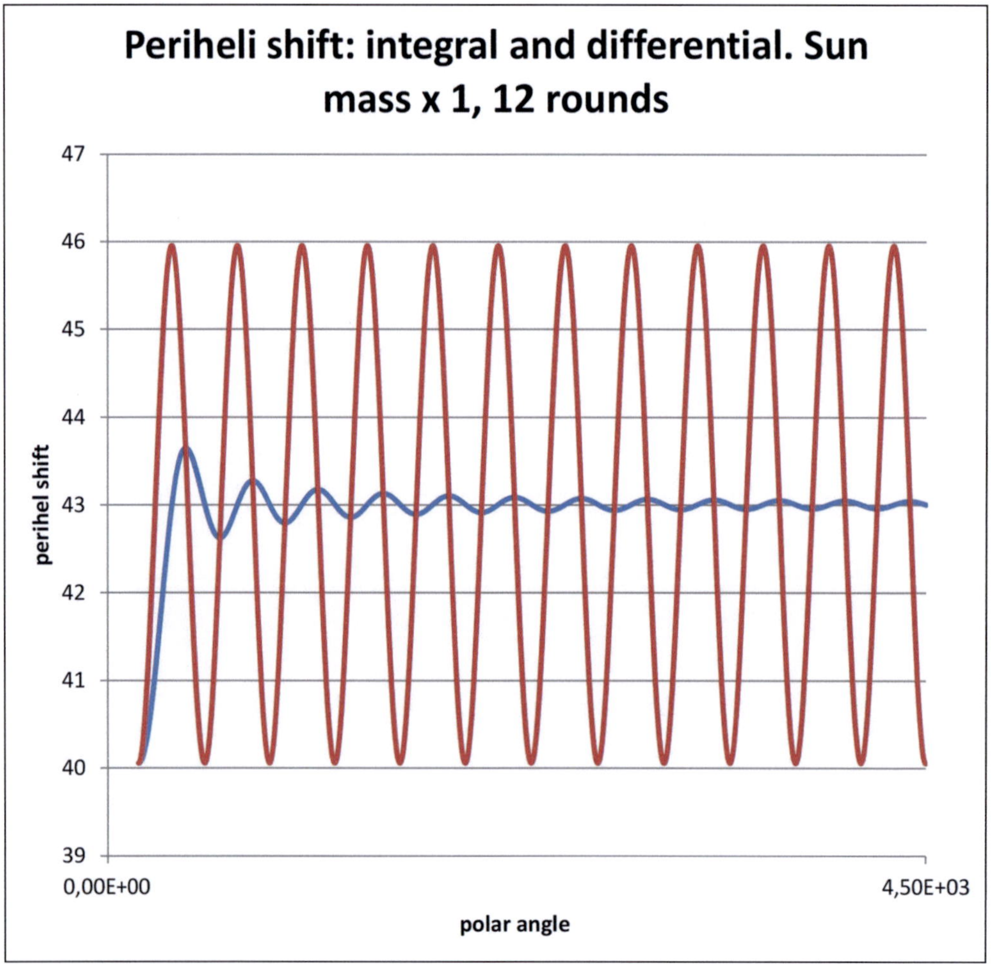

Kuva 3.1.2: Perihelin edistymä (kulmasekunttia maan sadassa vuodessa) , lasku aloitettu aphelistä

Kuvassa 3.1.2 lasku on aloitettu aphelistä. Kuvassa 3.1.3 sama lasku on aloitettu perihelistä.

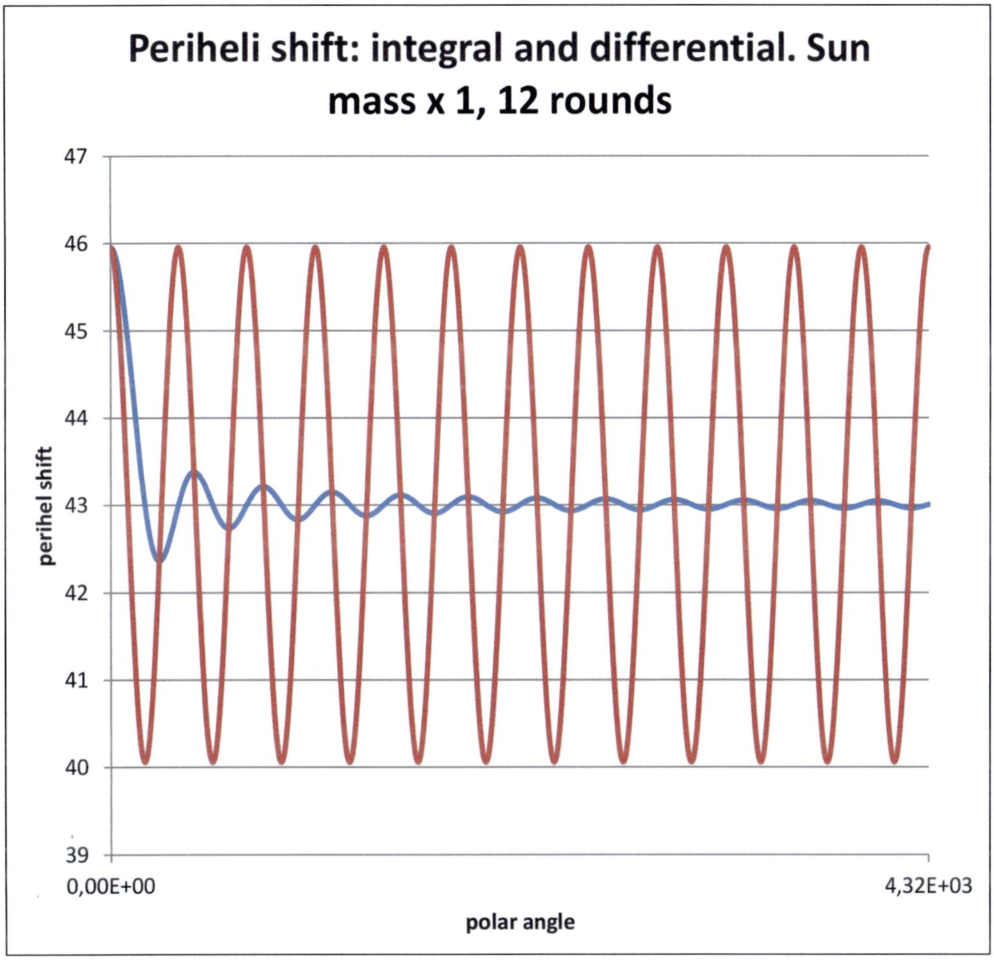

Kuva 3.1.3: Perihelin edistymä (kulmasekunttia maan sadassa vuodessa), lasku aloitettu perihelistä

Differentiaalinen ja integraalinen perihelin edistymä käyttäyy johdonmukaisesti samalla tavalla aloitettaessa lasku joko aphelistä tai perihelistä. Lisäksi aina, kun Merkurius on joko aphelissä tai perihelissä integraalinen edistymä saa arvon 43.0037 eli saman arvon johon se konvergoi.

Seuraavissa laskentatapauksissa 2 – 8 on tutkittu auringon tai mustan aukon massan vaikutusta planeetan rataan. Kaikissa tapauksissa laskenta on suoritettu laskutapaa 1 käyttäen. Kaikissa laskentatapauksissa parametreille $\bar{a}$ ja $\bar{b}$ on annettu Merkuriuksen radan klassiset arvot (isoakselin puolikas ja pikkuakselin puolikas) eli

(3.1.4) $$\bar{a} = a = 5.79091755E10$$

(3.1.5) $$\bar{b} = b = 5.66716379E10$$

Laskentatapauksissa on varioitu auringon massaa (kerrottu luvuilla 0.4E6, 1.0E6, 2.522090E6, 2.522091E6, 3.0E6, 30E6 ja 300E6) ja laskettu vastaava Schwarzschildin säde α. Radan perihelin ja aphelin etäisyydet auringosta on saatu 4-asteen polynomin

(3.1.6) $$f(r) = r\left(2\bar{a}r^2 - \left(\bar{b}^2 + r^2\right)(r - \alpha)\right) = 0.$$

juurista.

3.2 Laskentatapaus 2: Auringon massa kerrottu luvulla 0.4E6

Tässä laskussa auringon massa on kerrottu luvulla 0.4E6. On laskettu 6 kierrosta auringon ympäri. On käytetty laskutapaa 1 (ohjelmassa muuttuja MOD = -1), eli $\bar{a}$ ja $\bar{b}$ on annettu kaavoilla 3.1.4 ja 3.1.5. Perihelin ja aphelin etäisyydet auringosta on saatu ratkaisemalla yhtälö 3.1.6 ja saatu arvot r_1 = 4.1095E10 ja r_2 = 7.46681E10. Ratayhtälö r = r(φ) on saatu integroimalla lauseke 2.1.6 numeerisesti r_2:stä r_1:een ja sitten r_1:stä r_2:een jne.

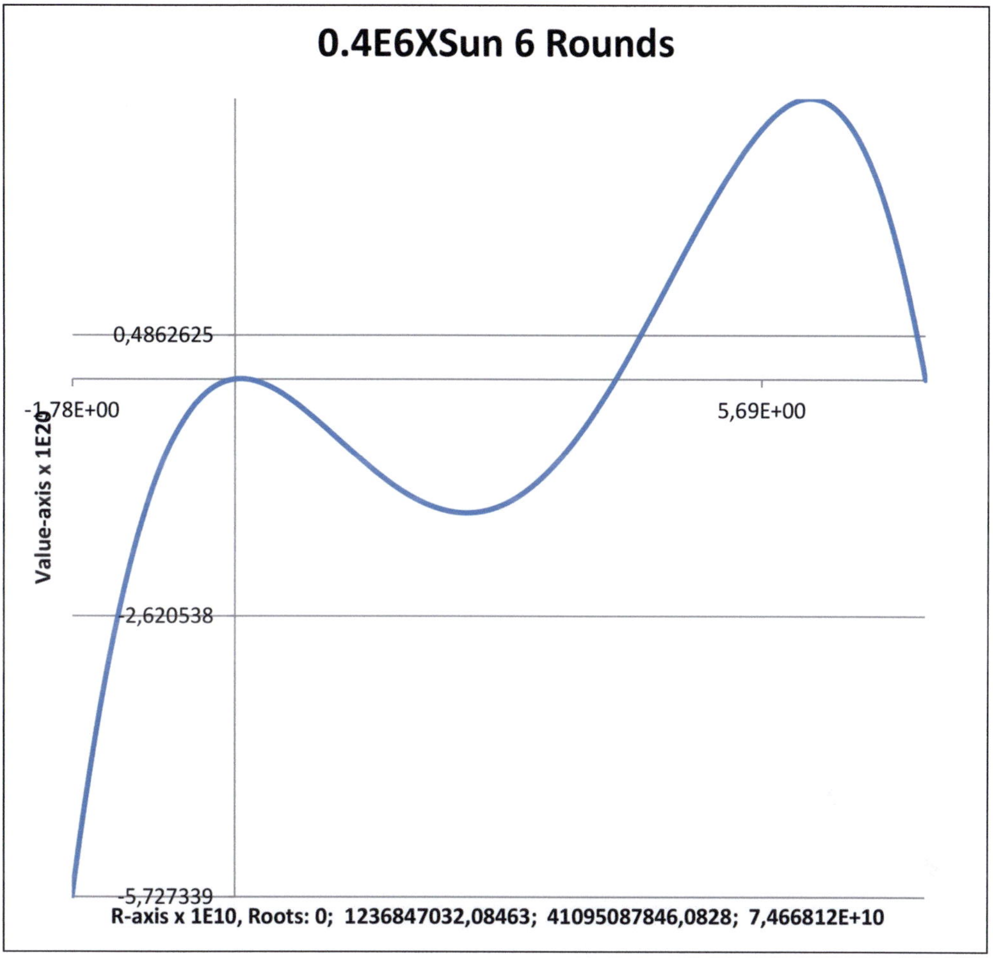

Kuva 3.2.1: 4-asteen polynomin kuvaaja ja nollakohdat, kun auringon massa on kerrottu luvulla 0.4E6. Tällöin Schwarzschildin säde saa arvon 1.18E9.

Kuvassa 3.2.2 on esitetty Merkuriuksen rata klassisen mekaniikan ja suhteellisuusteorian mukaan laskettuna. Suhteellisuusteorian mukainen ellipsi kiertyy jo reipasta vauhtia. Kuvassa on myös piirrettynä mustan aukon rajaympyrä Schwarzschildin säteen kohdalla.

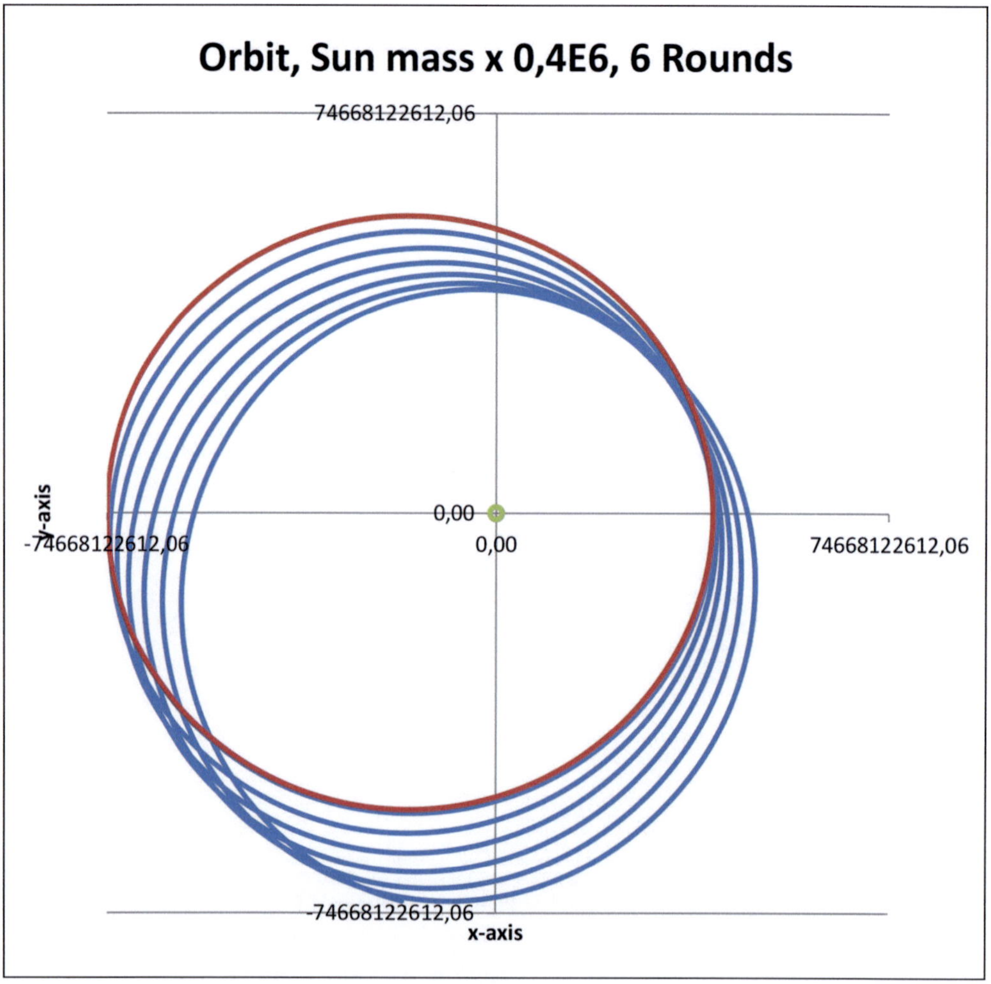

Kuva 3.2.2: Planeetan rata klassisen mekaniikan ja suhteellisuusteorian mukaan laskettuna. Schwarzschildin säde erottuu pienenä ympyränä origossa.

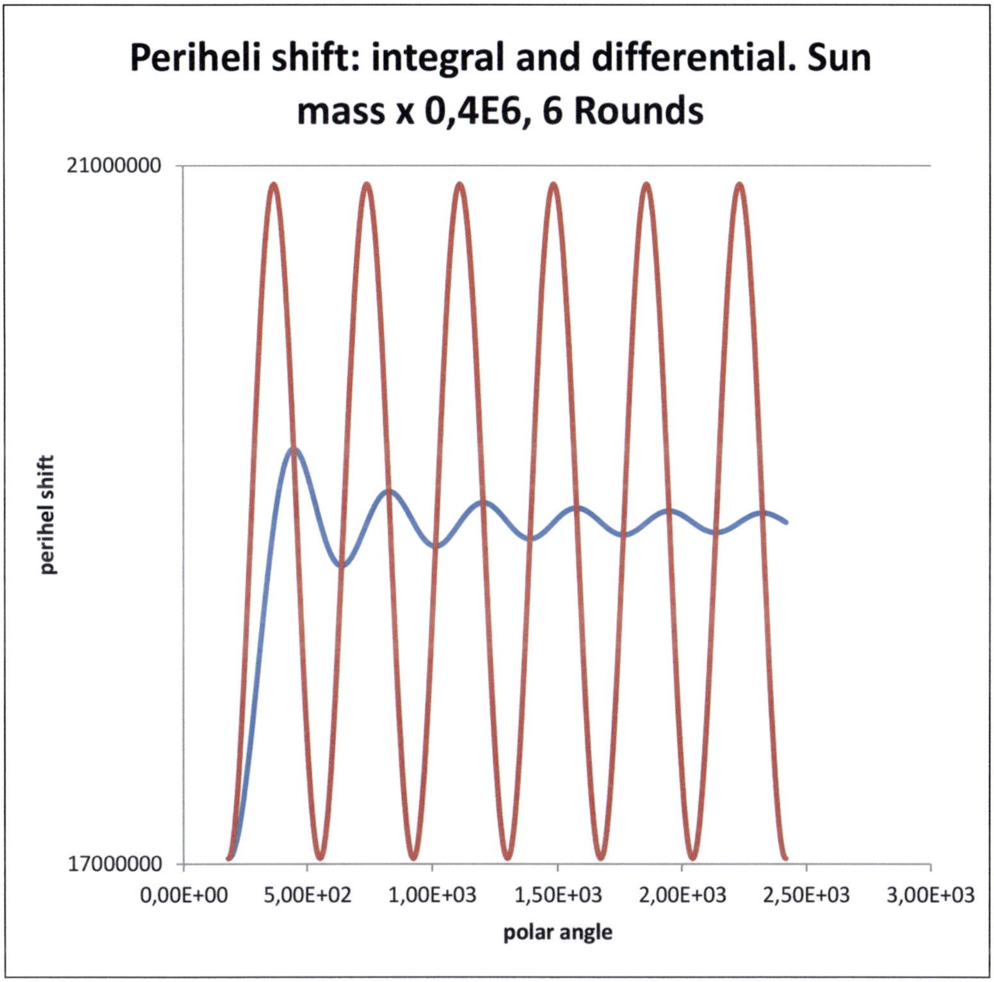

Kuva 3.2.3: Perihelin edistymä kaavan 3.1.1 mukaan laskettuna on 1.90E7.
Arvo ei edusta edistymää maan sadassa vuodessa.

Ohjelman laskema perihelin edistymä on 1.90E7. Ohjelman antama suhteellinen edistymä saadaan jakamalla 1.90E7 luvulla 360*3600*100/0.2408 = 5.382E8 ja tulos on 0.0353. Kaavasta 3.1.2 laskemalla saadaan tulos 0.0346, mikä on noin 2 % pienempi arvo kuin ohjelman laskema arvo.

3.3 Laskentatapaus 3: Auringon massa kerrottu luvulla 1.0E6

Tässä laskussa auringon massa on kerrottu luvulla 1.0E6. On laskettu 3 kierrosta auringon ympäri. On käytetty laskutapaa 1 (ohjelmassa muutuja MOD = -1), eli $\bar{a}$ ja $\bar{b}$ on annettu kaavoilla 3.1.4 ja 3.1.5.

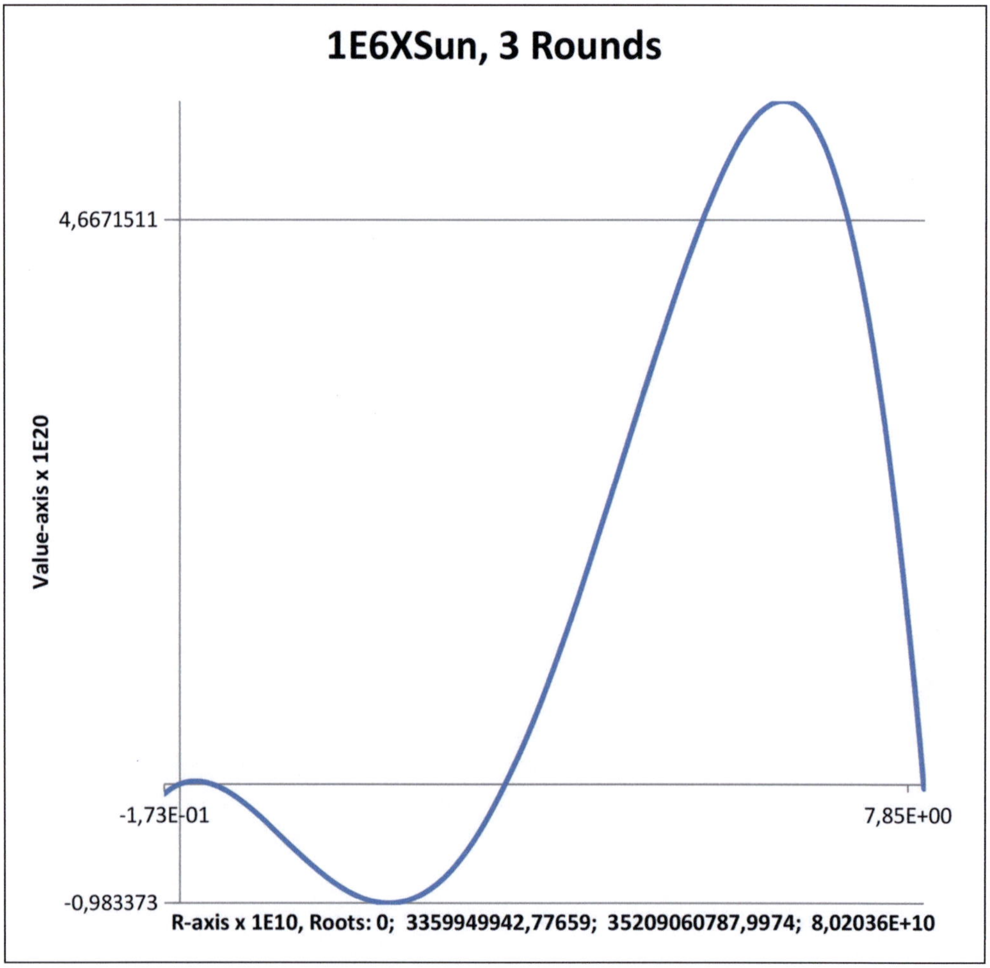

Kuva 3.3.1: 4-asteen polynomin kuvaaja ja nollakohdat, kun auringon massa on kerrottu luvulla 1.0E6. Tällöin Schwarzschildin säde saa arvon 2.95E9.

Neljännen asteen polynomin nollakohdat ovat: $r_4 = 0$, $r_3 = 3.35995E9$, $r_1 = 3.52091E10$ ja $r_2 = 8.02036E10$. Suurimmat juuret antavat planeetan etäisyyden auringosta perihelissä ja aphelissä. Ratayhtälö $r = r(\varphi)$ on saatu integroimalla lauseke 2.1.6 numeerisesti r_2:stä r_1:een. Kuvassa 3.3.2 on esitetty planeetan rata klassisen mekaniikan ja suhteellisuusteorian mukaan laskettuna.

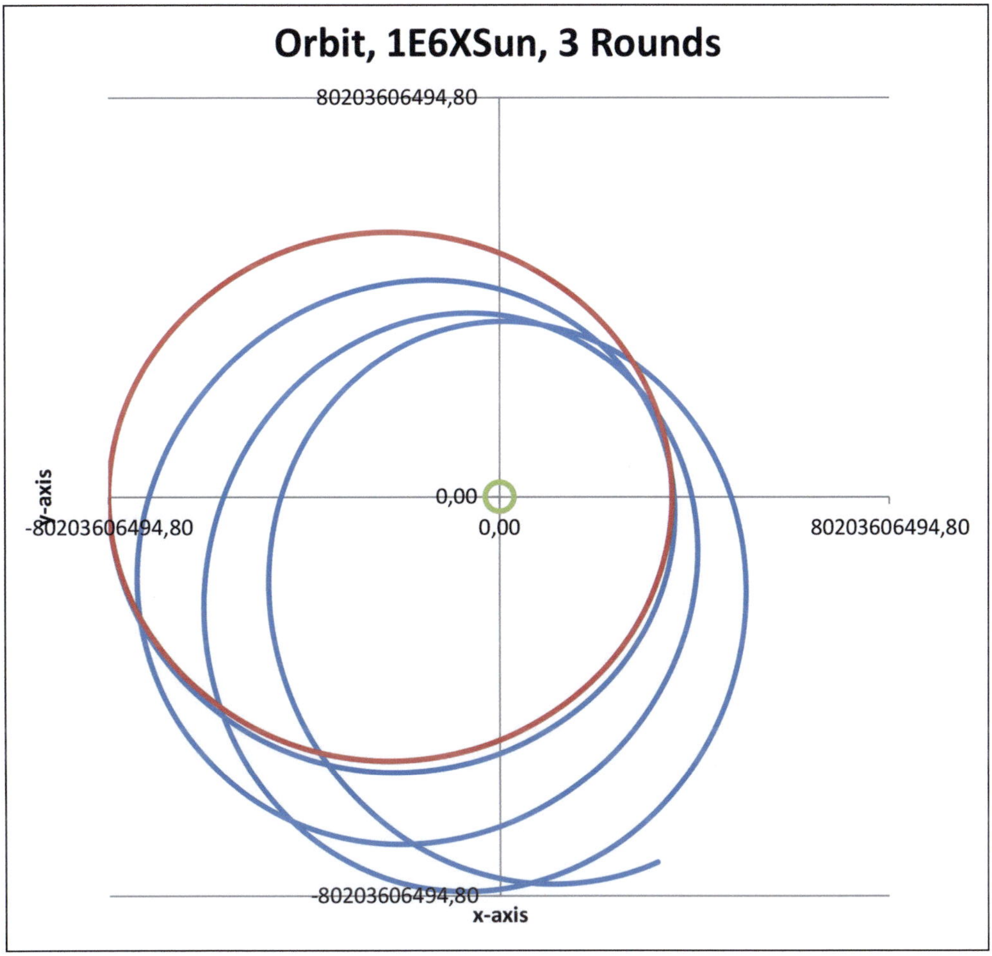

Kuva 3.3.2: Planeetan rata klassisen mekaniikan ja suhteellisuusteorian mukaan laskettuna. Schwarzschildin säde erottuu pienenä ympyränä origossa.

Klassinen ja suhteellisuusteorian mukaan laskettu rata erovat merkittävästi toisistaan. Suhteellisuusteorian mukaan lasketun radan voi hyvällä tahdolla tulkita reippaalla nopeudella kiertäväksi ellipsiksi. Perihelin edistymä on esitetty seuraavassa kuvassa kulman funktiona ja se on suuri. Paikallinen (differentiaalinen) edistymä riippuu kulmasta. Myös integraalinen edistymä riippuu kulmasta, mutta se konvergoi kohti arvoa 5.66E7, kun kierrosten määrä auringon ympäri kasvaa.

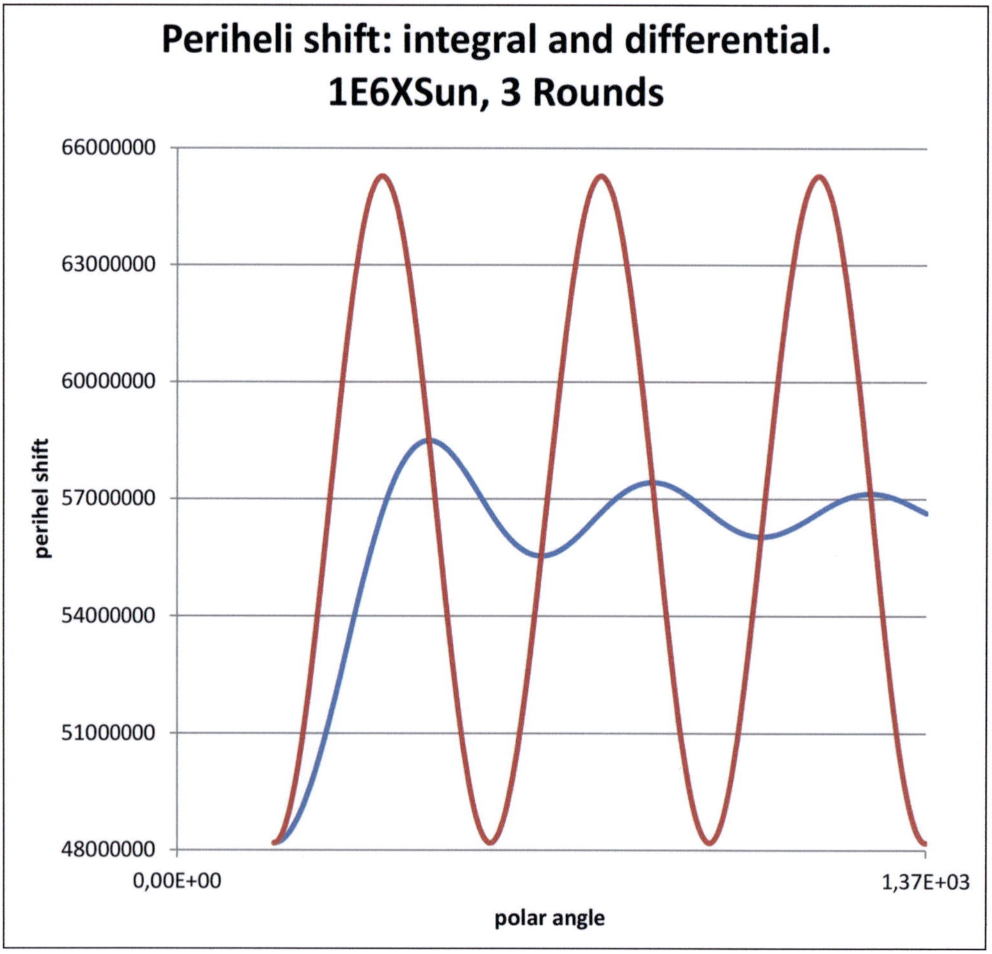

Kuva 3.3.4: Integraalinen perihelin edistymä lasketuna kaavalla 3.1.1 konvergoi kohti arvoa 5.66E7 kulmasekuntia. Ei edusta arvoa maan sadassa vuodessa.

Ohjelman laskema perihelin edistymä on 5.66E7. Ohjelman antama suhteellinen edistymä saadaan jakamalla 5.66E7 luvulla 360*3600*100/0.2408 = 5.382E8 ja tulos on 0.1052. Kaavasta 3.1.2 laskemalla saadaan tulos 0.0996, mikä on noin 5 % pienempi arvo kuin ohjelman laskema arvo.

3.4 Laskentatapaus 4: Auringon massa kerrottu luvulla 2.522090E6

Tässä laskussa auringon massa on kerrottu luvulla 2.522090E6. On laskettu 1 kierros auringon ympäri. Kierros ymmärretään planeetan radaksi aphelistä apheliin, mikä suhteellisuusteorian mukaisessa laskussa tarkoittaa noin 4.9 kierrosta. Kerroin 2.522090E6 voi vaikuttaa oudon mielivaltaiselta, mutta se on valittu siten, että jos viimeistä desimaalia kasvatetaan 1:llä, planeetta päätyy (noin 4.9 kierroksen jälkeen) syöksymään mustaan aukkoon (ks. laskentatapaus 5). On käytetty laskutapaa 1 (ohjelmassa muuttuja MOD = -1), eli $\bar{a}$ ja $\bar{b}$ on annettu kaavoilla 3.1.4 ja 3.1.5. Perihelin ja aphelin etäisyydet auringosta on saatu ratkaisemalla yhtälö 3.1.6 ja saatu arvot r_1 = 1.624E10 ja r_2 = 9.08011E10. 4-asteen polynomin kuvaaja on esitetty kuvassa 3.4.1. Polynomin kuvaajasta nähdään, että kun planeeetta lähestyy periheliä, planeetan radan atzimuuttikulma φ muuttuu paljon pienilläkin r:n muutoksilla. Planeetan radan kuvassa tämä näkyy siten, että planeetta kiertää hyvin monta kertaa noin perihelin etäisyydellä ennen paluutaan apheliin. Ratayhtälö r = r(φ) on saatu integroimalla lauseke 2.1.6 numeerisesti r_2:stä r_1:een ja sitten r_1:stä r_2:een. Rata lähtee aphelistä ja kiertää noin 3 kierrosta noin perihelin etäisyydellä, kunnes palaa apheliin ja sieltä edelleen noin 3 kierroksen ajaksi noin periheliin jne.

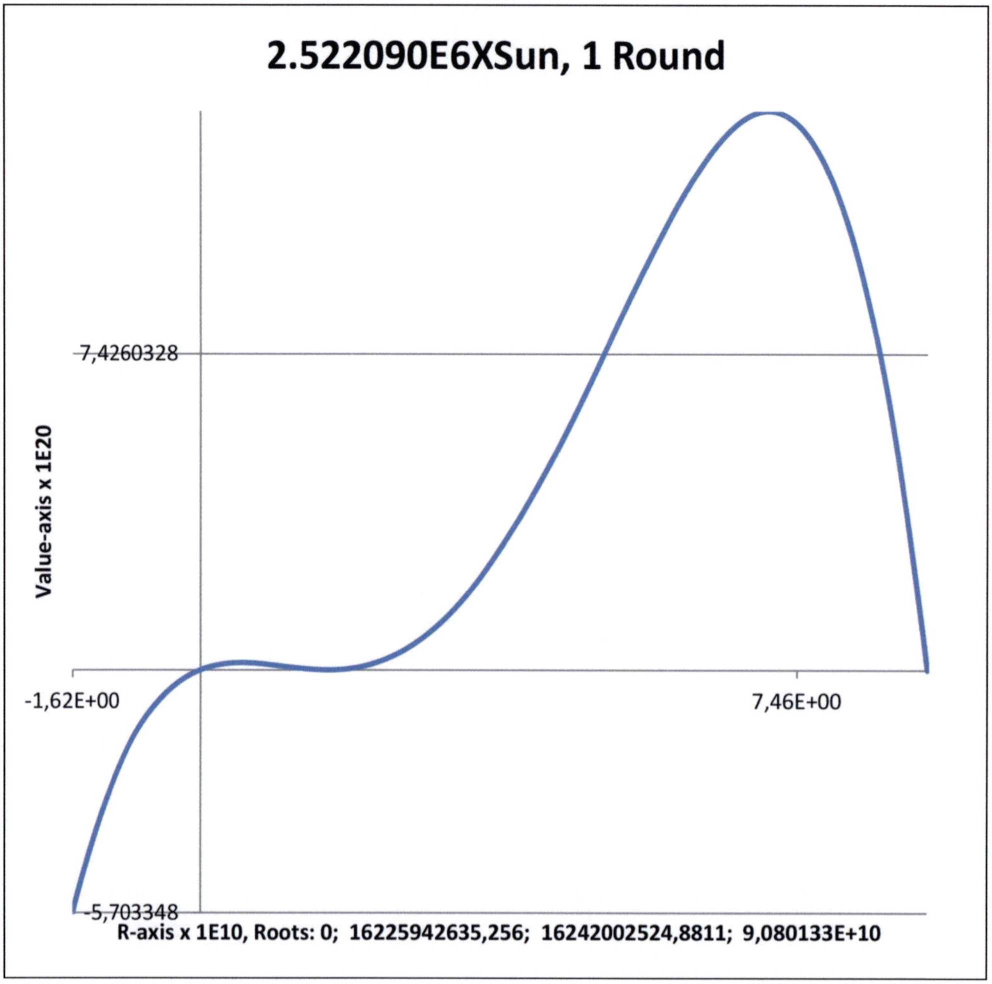

Kuva 3.4.1: 4-asteen polynomin kuvaaja ja nollakohdat, kun auringon massa on kerrottu luvulla 2,522090E6. Tällöin Schwarzschildin säde saa arvon 7,4509253E9.

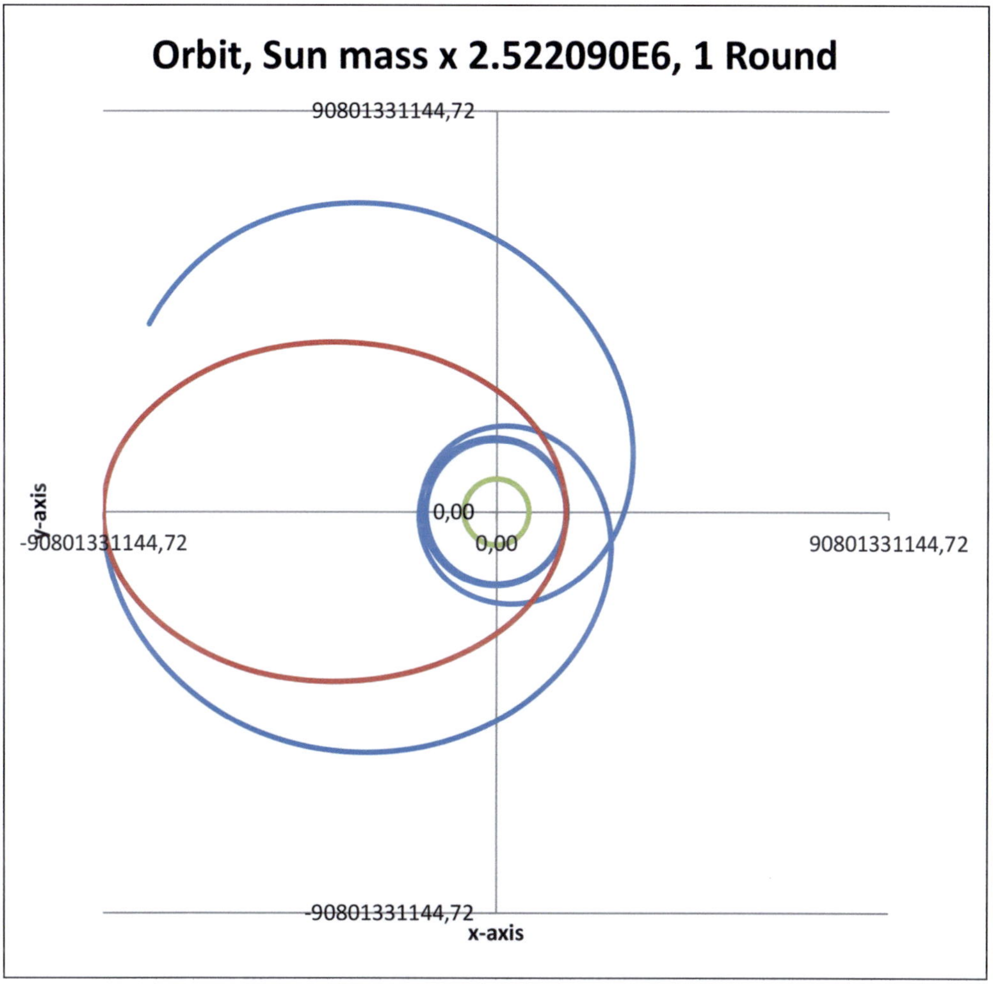

Kuva 3.4.2: Planeetan rata klassisen mekaniikan ja suhteellisuusteorian mukaan laskettuna. Planeetta kiertää noin 3 kertaa auringon ympäri noin perihelin etäisyydellä ennen paluutaan apheliin.

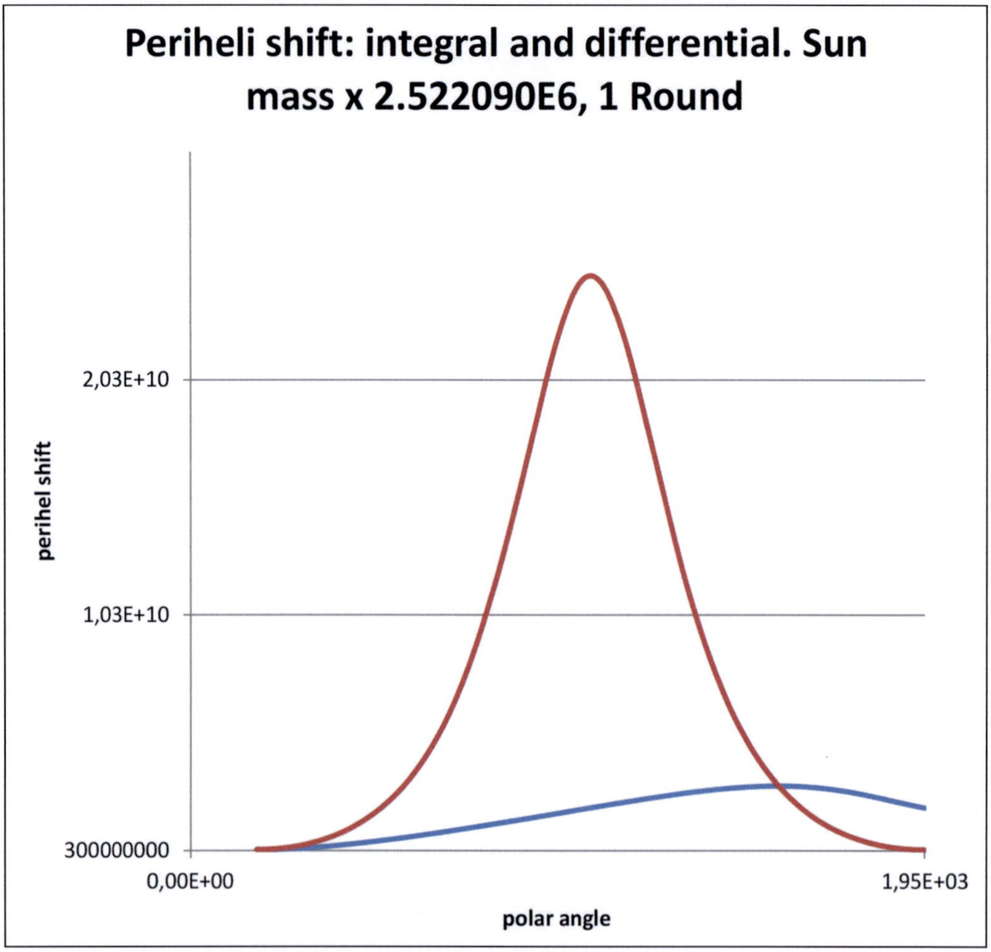

Kuva 3.4.3: Integraalinen perihelin edistymä laskettuna kaavalla 3.1.1 konvergoi kohti arvoa 2.11E9 kulmasekuntia. Ei edusta arvoa maan sadassa vuodessa.

Ohjelman laskema perihelin edistymä on 2.11E9. Ohjelman antama suhteellinen edistymä saadaan jakamalla 2.11E9 luvulla 360*3600*100/0.2408 = 5.382E8 ja tulos on 3.920. Kaavasta 3.1.2 laskemalla saadaan tulos 0.6824, eli ohjelman laskema arvo on noin 5.7 kertainen.

Suoritin laskun myös, kun auringon massa on kerrottu luvulla 2.52209046831968488E6 ja tällöin planeetta kiertää noin 11 kierrosta (4120 °) ennen paluutaan apheliin. Suurin osa kierroksista tapahtuu noin perihelin etäisyydellä auringosta. Ilmeisesti siis sellainen rata, jossa planeetta kiertää pitemmän ajan noin perihelin etäisyydellä auringosta ennen paluutaan apheliin, on mahdollinen. Planeetan rata on esitetty kuvassa 3.4.4. Kuvan esitystarkkuuden rajoissa planeeta kiertää perihelin etäisyydellä noin 10 kierrosta.

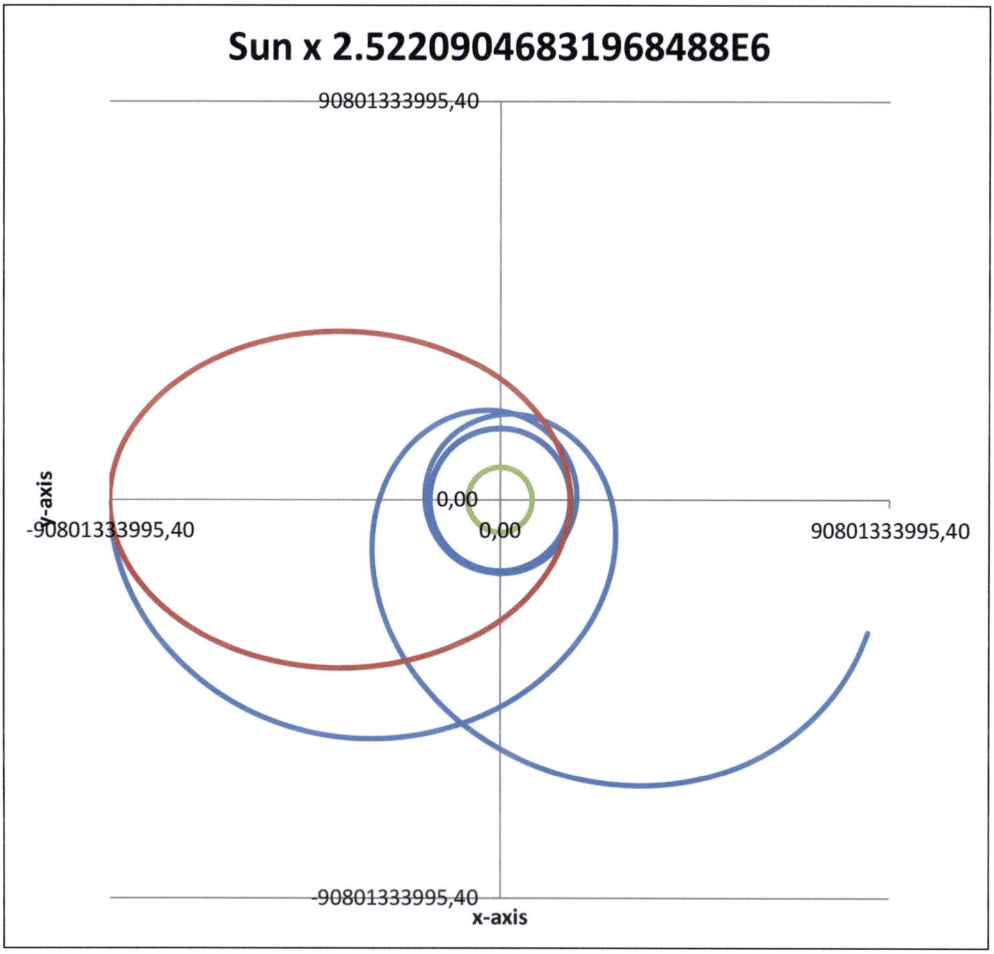

Kuva 3.4.4 Planeetan rata klassisen mekaniikan ja suhteellisuusteorian mukaan laskettuna, kun auringon massa on kerrottu luvulla 2.52209046831968488E6. Suhteellisuusteorian mukainen ratkaisu tekee noin 10 kierrosta noin perihelin etäisyydellä ennen paluutaan apheliin.

3.5 Laskentatapaus 5: Auringon massa kerrottu luvulla 2.522091E6

Tässä laskussa auringon massa on kerrottu luvulla 2.522091E6. On laskettu 0.5 kierrosta auringon ympäri. Puolikas kierros ymmärretään planeetan radaksi aphelistä periheliin, mikä suhteellisuusteorian mukaisessa laskussa tarkoittaa noin 4.7 kierrosta. On käytetty laskutapaa 1 (ohjelmassa muuttuja MOD = -1), eli $\overline{a}$ ja $\overline{b}$ on annettu kaavoilla 3.1.4 ja 3.1.5. Perihelin ja aphelin etäisyydet auringosta on saatu ratkaisemalla yhtälö 3.1.6 ja saatu arvot $r_1 = 0$ ja $r_2 = 9.08011E10$. 4-asteen polynomi on esitetty kuvassa 3.5.1. Nyt polynomilla on vain 2 reaalista juurta ja 2 kompleksijuurta. Polynomin kuvaan on yksinkertaisuuden vuoksi tulostettu kuitenkin kolme 0 arvoista juurta eikä annettu kompleksijuurten arvoja. Polynomin pienempi reaalijuuri on 0, mikä merkitsee sitä, että planeetta päätyy mustan aukon singulariteettiin. Ratayhtälö $r = r(\varphi)$ on saatu integroimalla lauseke 2.1.6 numeerisesti r_2:stä r_1:een. Planeetta kiertää muutaman kierroksen mustan aukon ympäri ennen syöksymistään mustaan aukkoon. Suurin osa kierroksista tapahtuu polynomin minimin molemmin puolin, jolloin kulman muutos on suurin tiettyä säteen muutosta Δr kohti (ks. kaava 2.1.6).

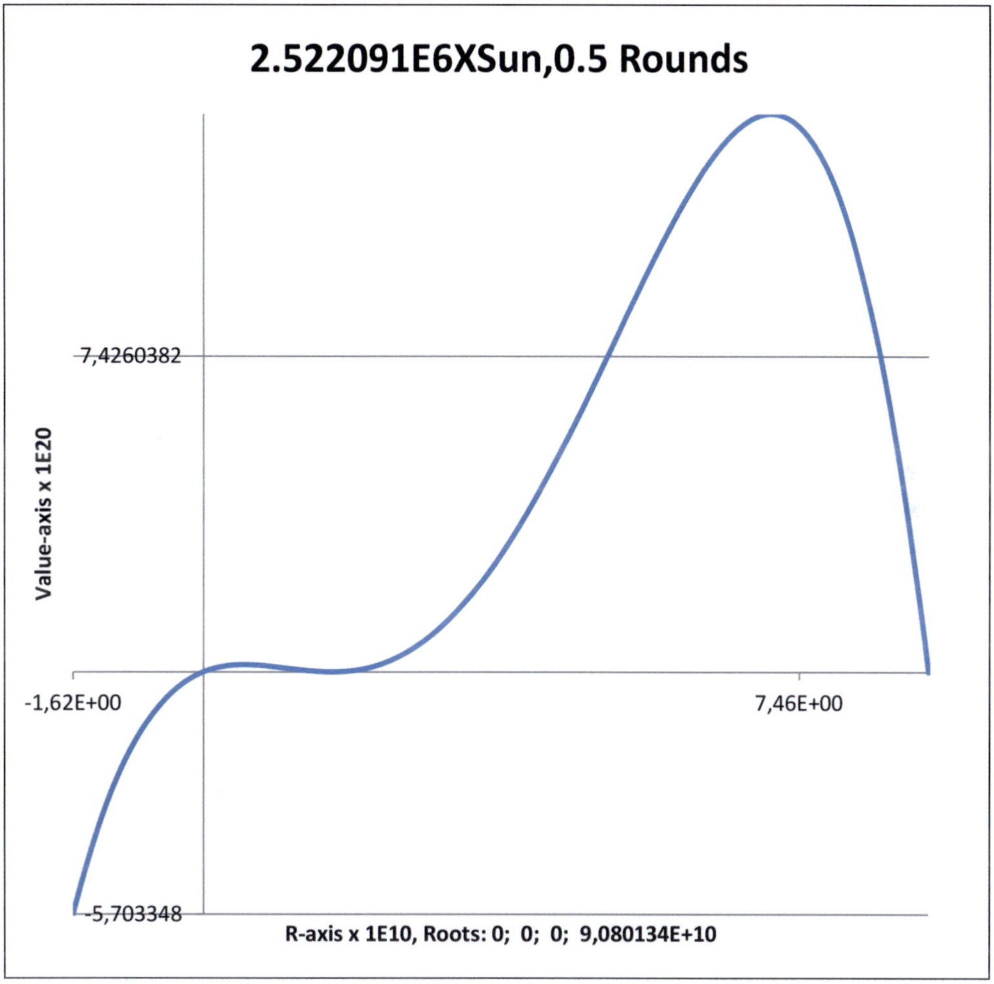

Kuva 3.5.1: 4-asteen polynomin kuvaaja ja nollakohdat, kun auringon massa on kerrottu luvulla 2.522091E6. Tällöin Schwarzschildin säde saa arvon 7,4509283E9.

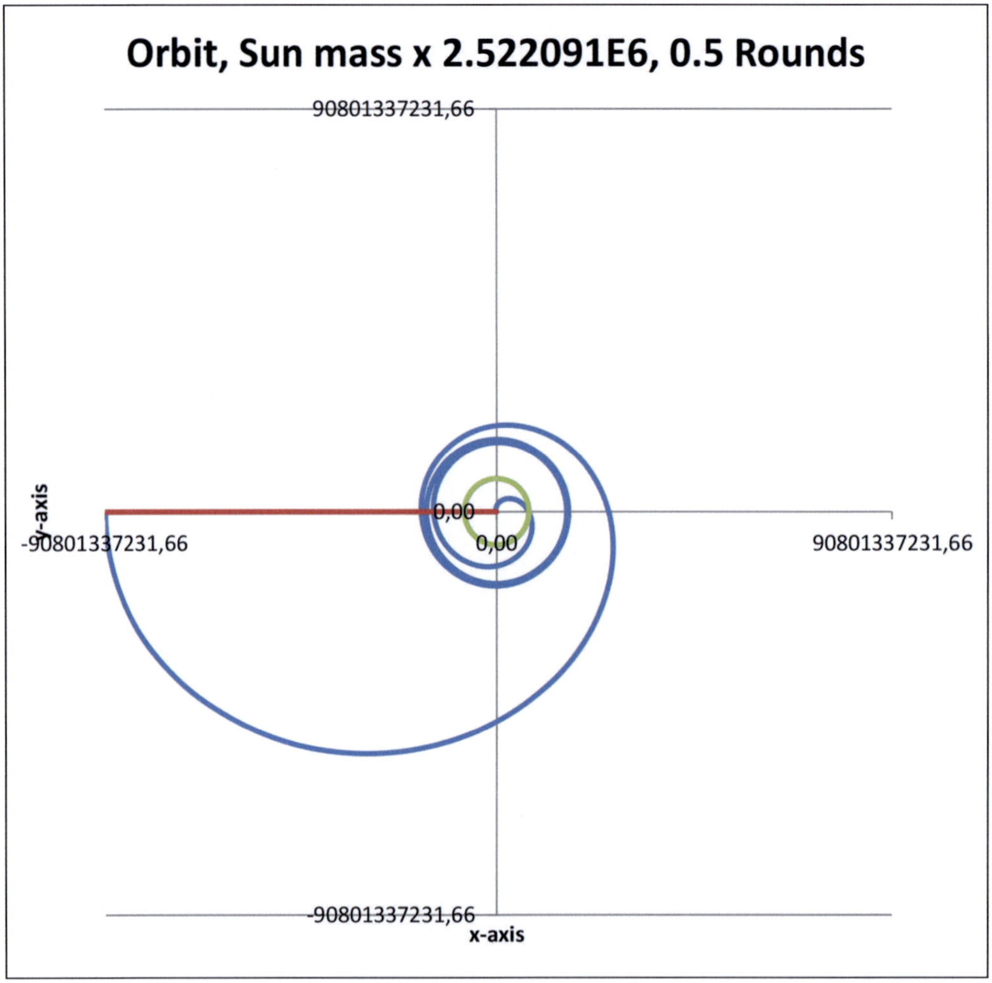

Kuva 3.5.2: Planeetan rata klassisen mekaniikan ja suhteellisuusteorian mukaan laskettuna. Kierrettyään mustaa aukkoa muutaman kerran planeetta syöksyy aukkoon. Klassinen rata on suora putoaminen mustaan aukkoon.

3.6 Laskentatapaus 6: Auringon massa on kerrottu luvulla 3.0E6

Tässä laskussa auringon massa on kerrottu luvulla 3.0E6. On laskettu 1 kierros auringon ympäri. Kierros ymmärretään planeetan radaksi aphelistä apheliin, mikä suhteellisuusteorian mukaisessa laskussa tarkoittaa noin 2.6 kierrosta. On käytetty laskutapaa 1 (ohjelmassa muuttuja MOD = -1), eli $\bar{a}$ ja $\bar{b}$ on annettu kaavoilla 3.1.4 ja 3.1.5. Perihelin ja aphelin etäisyydet auringosta on saatu ratkaisemalla yhtälö 3.1.6 ja saatu arvot $r_1 = 0$ ja $r_2 = 9.3624E10$. Nyt polynomilla on vain 2 reaalista juurta ja 2 kompleksijuurta. Polynomin kuvaan (kuva 3.5.1) on yksinkertaisuuden vuoksi tulostettu kuitenkin kolme 0 arvoista juurta eikä annettu kompleksijuurten arvoja. Polynomin pienempi reaalijuuri on 0, mikä merkitsee sitä, että planeetta päätyy mustan aukon singulariteettiin. Tämä tapahtuu noin 1,3 kierroksen jälkeen. Rata jatkuu singulariteeetistä ulos takaisin apheliin. Tämä on ymmärrettävä radan kuvaajaksi ja planeetta liikkuisi toki tätäkin radan osuutta aphelistä singulariteettiin, mustasta aukostahan ei mitään pääse ulos. Ratayhtälö $r = r(\varphi)$ on saatu integroimalla lauseke 2.1.6 numeerisesti r_2:stä r_1:een, sitten r_1:stä r_2:een jne.

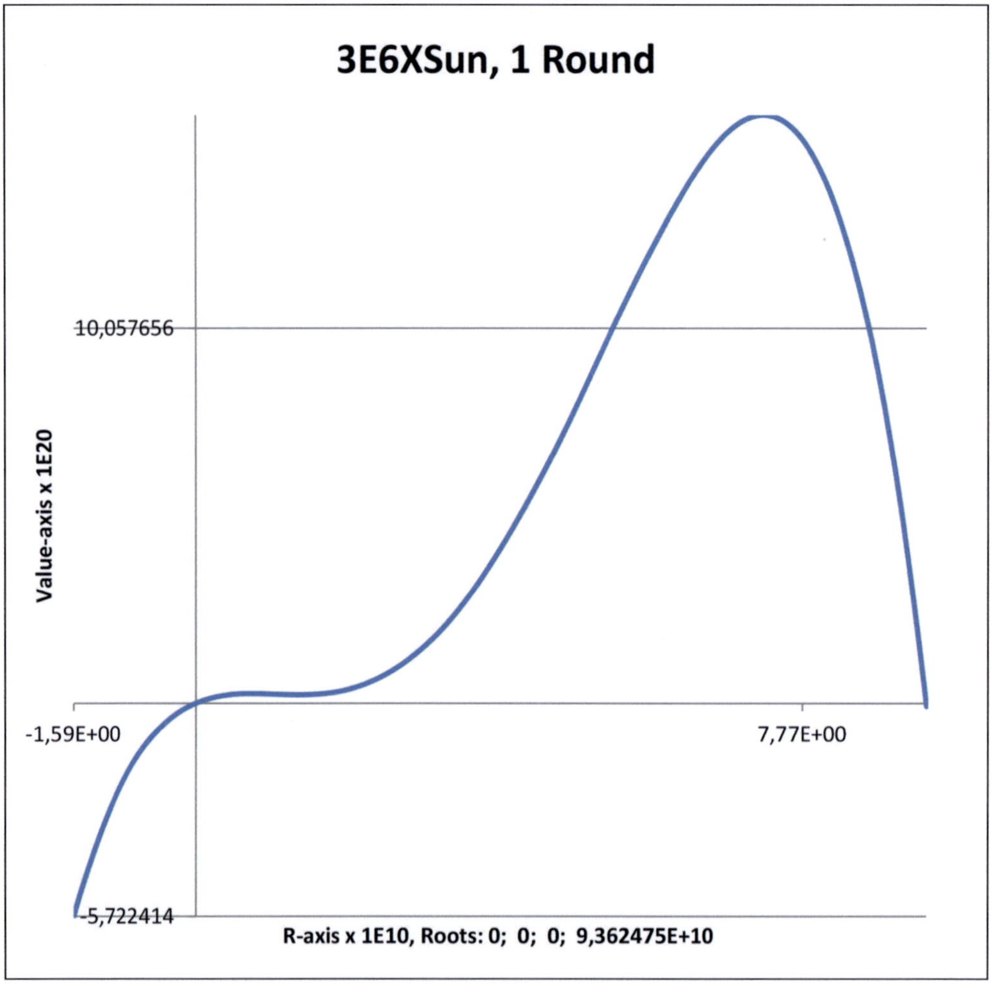

Kuva 3.6.1: 4-asteen polynomin kuvaaja ja nollakohdat, kun auringon massa on kerrottu luvulla 3.0E6. Tällöin Schwarzschildin säde saa arvon 8,86E9.

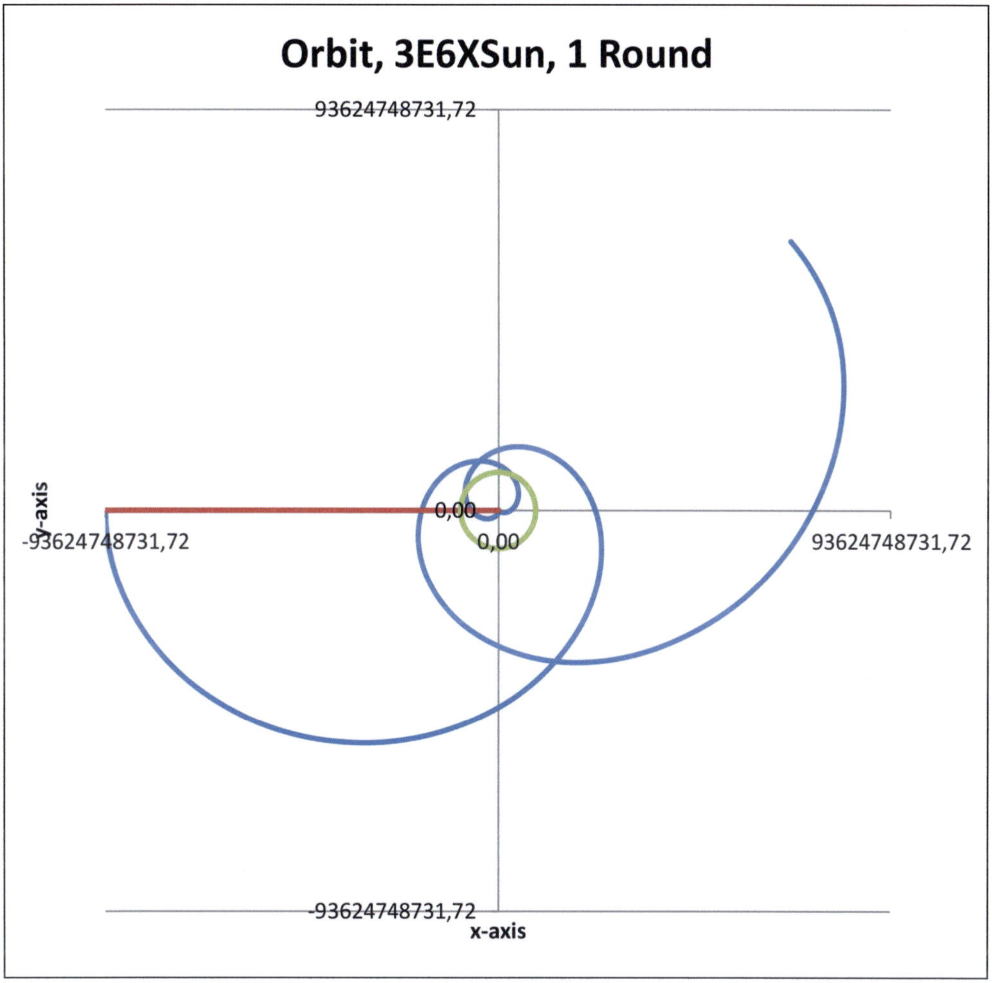

Kuva 3.6.2: Planeetan rata klassisen mekaniikan ja suhteellisuusteorian mukaan laskettuna. Klassinen rata on suora putoaminen mustaan aukkoon, suhteellisuusteorian mukainen rata kiertää jonkin verran ennenkuin päätyy mustan aukon keskukseen (radan jatko ulos mustasta aukosta on vain radan kuvaaja ja planeetta kulkisi tätäkin osuutta kohti mustaa aukkoa).

3.7 Laskentatapaus 7: Auringon massa on kerrottu luvulla 30.0E6

Tässä laskussa auringon massa on kerrottu luvulla 30.0E6. On laskettu 2 kierrosta auringon ympäri. Kierros ymmärretään planeetan radaksi aphelistä apheliin, mikä suhteellisuusteorian mukaisessa laskussa tarkoittaa noin 0.8 kierrosta. On käytetty laskutapaa 1 (ohjelmassa muuttuja MOD = -1), eli $\bar{a}$ ja $\bar{b}$ on annettu kaavoilla 3.1.4 ja 3.1.5. Perihelin ja aphelin etäisyydet auringosta on saatu ratkaisemalla yhtälö 3.1.6 ja saatu arvot $r_1 = 0$ ja $r_2 = 1.9547E11$. Nyt polynomilla on vain 2 reaalista juurta ja 2 kompleksijuurta. Polynomin kuvaan on yksinkertaisuuden vuoksi tulostettu kuitenkin kolme 0 arvoista juurta eikä annettu kompleksijuurten arvoja. Polynomin pienempi reaalijuuri on 0, mikä merkitsee sitä, että planeetta päätyy mustan aukon singulariteettiin. Tämä tapahtuu noin 0,4 kierroksen jälkeen. Singularieettiin päätyminen tapahtuu suorempaa rataa pitkin kuin edellisessä tapauksessa. Rata jatkuu singulariteeetistä ulos takaisin apheliin. Tämä on ymmärrettävä radan kuvaajaksi ja planeetta liikkuisi toki tätäkin radan osuutta aphelistä singulariteettiin, mustasta aukostahan ei mitään pääse ulos. Ratayhtälö $r = r(\varphi)$ on saatu integroimalla lauseke 2.1.6 numeerisesti r_2:stä r_1:een, sitten r_1:stä r_2:een jne.

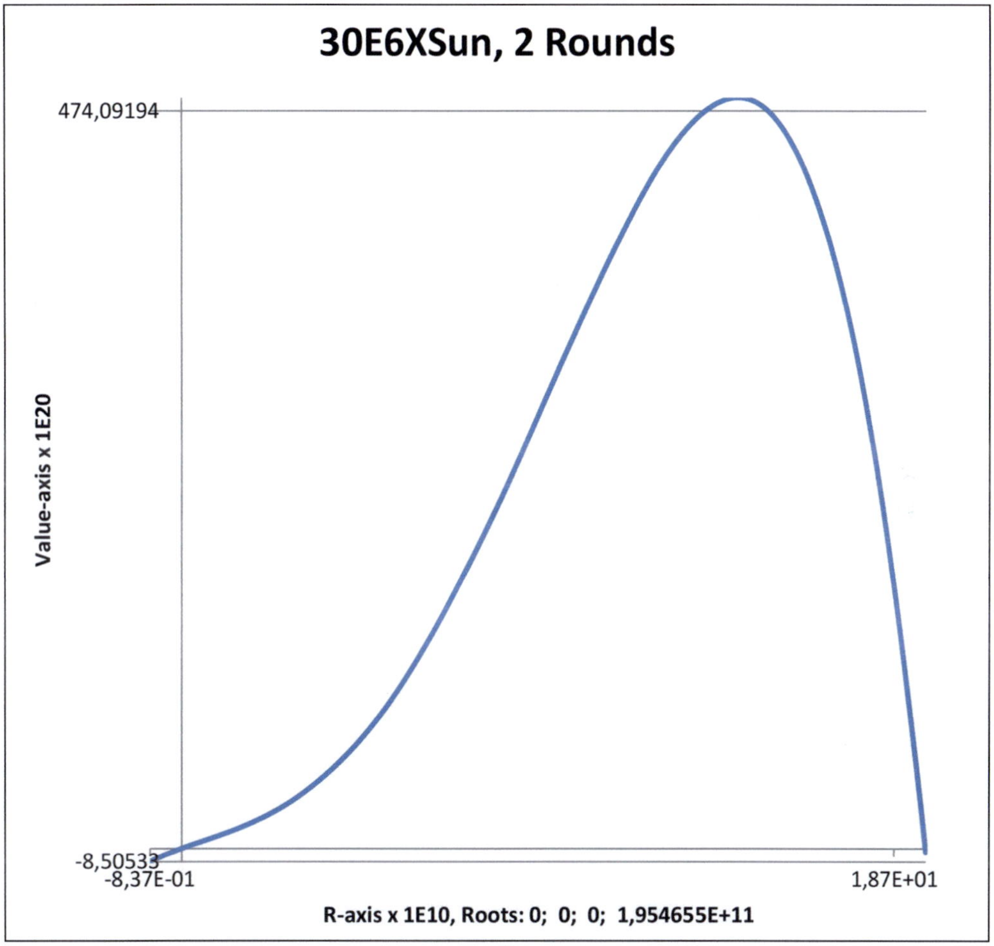

Kuva 3.7.1: 4-asteen polynomin kuvaaja ja nollakohdat, kun auringon massa on kerrottu luvulla 30.0E6. Tällöin Schwarzschildin säde saa arvon 8,86E10.

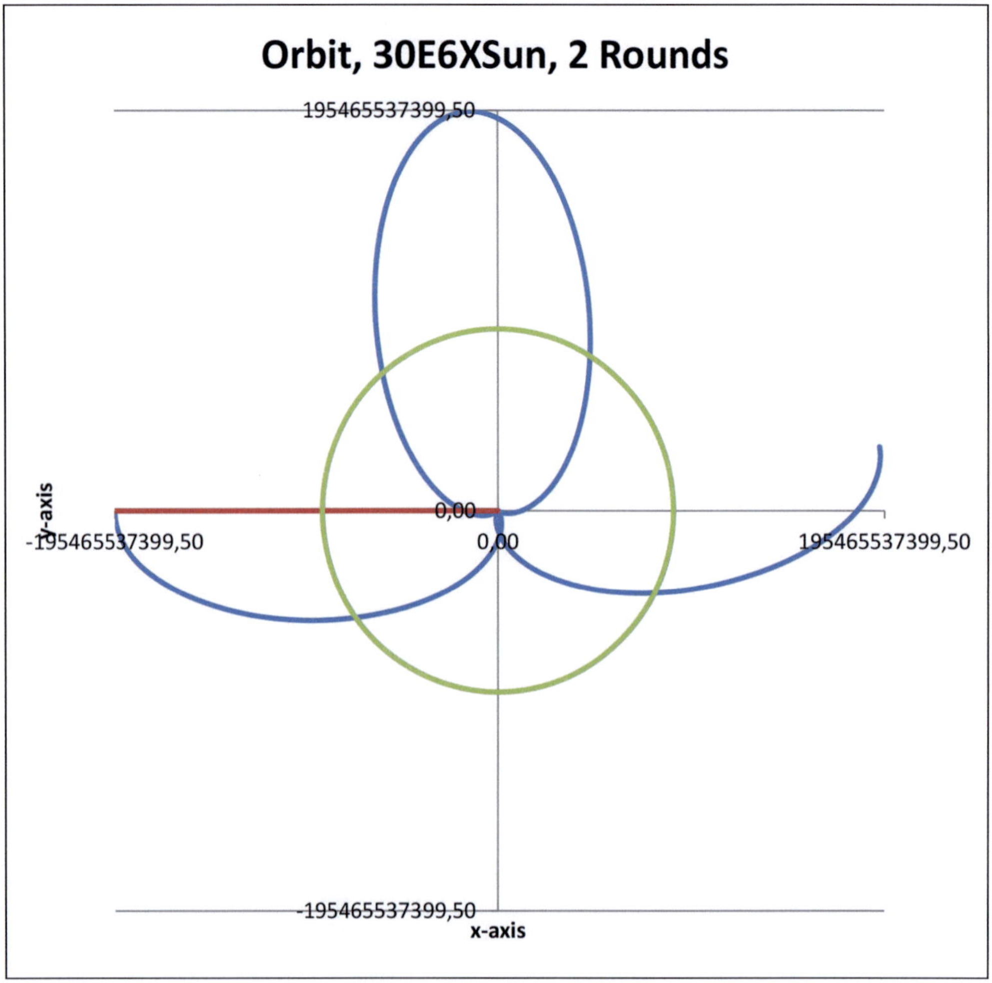

Kuva 3.7.2: Planeetan rata klassisen mekaniikan ja suhteellisuusteorian mukaan laskettuna. Klassinen rata on suora putoaminen mustaan aukkoon, suhteellisuusteorian mukainen rata kiertää jonkin verran ennenkuin päätyy mustan aukon keskukseen (radan jatko ulos mustasta aukosta on vain radan kuvaaja ja planeetta kulkisi tätäkin osuutta kohti mustaa aukkoa).

3.8 Laskentatapaus 8: Auringon massa kerrottu luvulla 300.0E6

Tässä laskussa auringon massa on kerrottu luvulla 300.0E6. On laskettu 2 kierrosta auringon ympäri. Kierros ymmärretään planeetan radaksi aphelistä apheliin, mikä suhteellisuusteorian mukaisessa laskussa tarkoittaa noin 0.3 kierrosta. On käytetty laskutapaa 1 (ohjelmassa muuttuja MOD = -1), eli $\bar{a}$ ja $\bar{b}$ on annettu kaavoilla 3.1.4 ja 3.1.5. Perihelin ja aphelin etäisyydet auringosta on saatu ratkaisemalla yhtälö 3.1.6 ja saatu arvot $r_1 = 0$ ja $r_2 = 1.0017E12$. Nyt polynomilla on vain 2 reaalista juurta ja 2 kompleksijuurta. Polynomin kuvaan on yksinkertaisuuden vuoksi tulostettu kuitenkin kolme 0 arvoista juurta eikä annettu kompleksijuurten arvoja. Polynomin pienempi reaalijuuri on 0, mikä merkitsee sitä, että planeetta päätyy mustan aukon singulariteettiin. Singularieettiin päätyminen tapahtuu suorempaa rataa pitkin kuin edellisessä tapauksessa. Rata jatkuu singulariteeetistä ulos takaisin apheliin. Tämä on ymmärrettävä radan kuvaajaksi ja planeetta liikkuisi toki tätäkin radan osuutta aphelistä singulariteettiin, mustasta aukostahan ei mitään pääse ulos. Ratayhtälö $r = r(\varphi)$ on saatu integroimalla lauseke 2.1.6 numeerisesti r_2:sta r_1:een, sitten r_1:stä r_2:een jne.

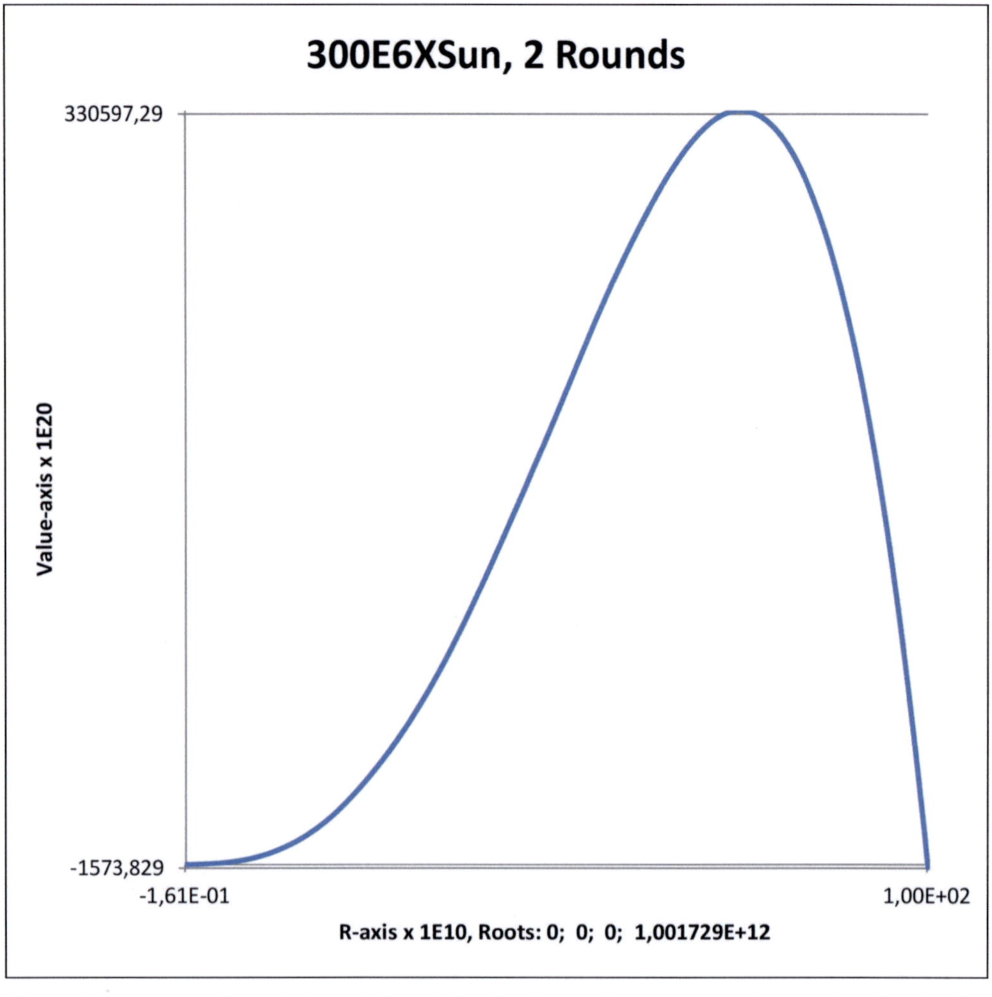

Kuva 3.8.1: 4-asteen polynomin kuvaaja ja nollakohdat, kun auringon massa on kerrottu luvulla 300.0E6. Tällöin Schwarzschildin säde saa arvon 8,86E11.

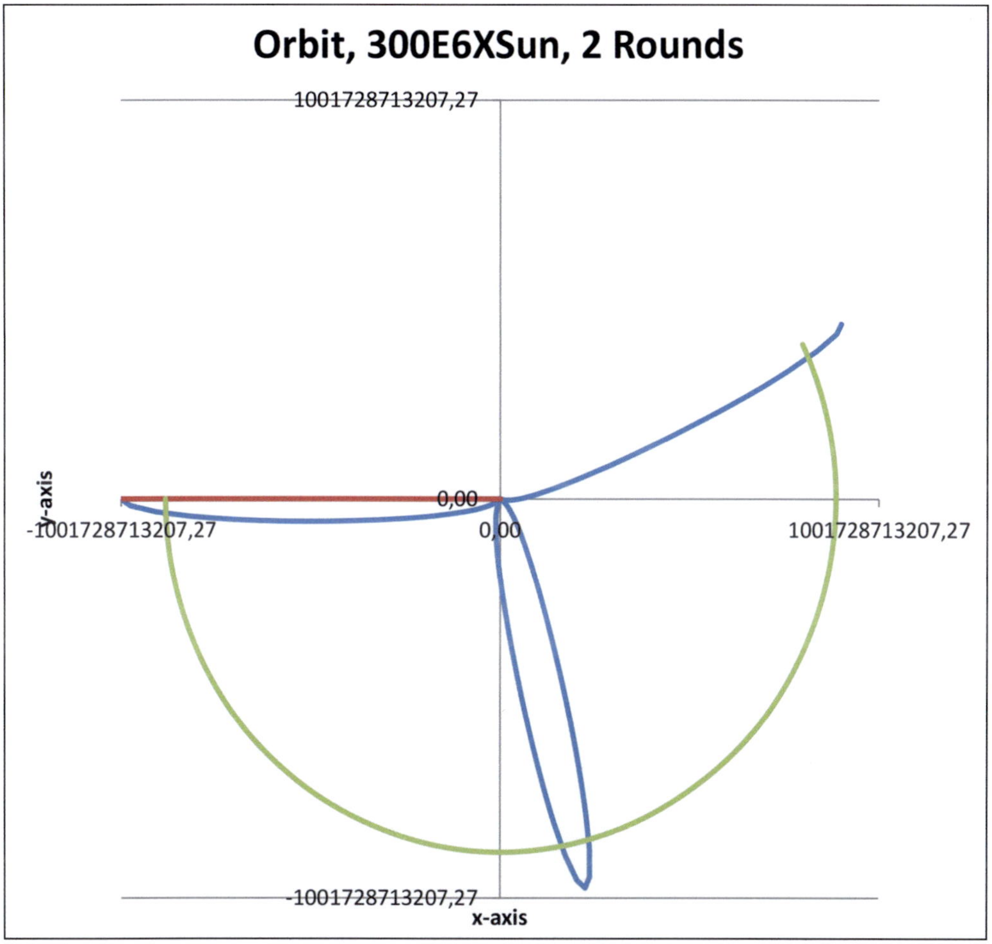

Kuva 3.8.2: Planeetan rata klassisen mekaniikan ja suhteellisuusteorian mukaan laskettuna. Klassinen rata on suora putoaminen mustaan aukkoon, suhteellisuusteorian mukainen rata kiertää jonkin verran ennenkuin päätyy mustan aukon keskukseen (radan jatko ulos mustasta aukosta on vain radan kuvaaja ja planeetta kulkisi tätäkin osuutta kohti mustaa aukkoa).

4. RATAYHTÄLÖ KIRJALLISUUDESSA

4.1 Johdanto

Tässä teoksessa lähtökohtana ovat viitteen /1/ Eulerin yhtälöt. Kirjallisuudessa esitetyn normaalin menettelyn mukaan Eulerin yhtälöt tehdään eri tavalla kuin viitteessä /1/. Integroimalla nämä yhtälöt päädytään ratayhtälöön, joka sisältää 2 integroimisvakiota. Näille vakioille saadaan arvot, jos vaaditaan, että suhteellisuusteoreettinen ratayhtälö lähestyy klassista ratayhtälöä klassisella rajalla (valonnopeus $c \to \infty$), mutta matemaattisesti ratkaisussa voisi olla lisäksi ratkaisua kertova vakio, joka klassisella rajalla lähestyy 1:stä. Viitteessä /1/ ja tässä kirjassa Eulerin yhtälöt johdetaan eri tavalla kuin normaalisti. Vaatimalla, että planeetan etäisyys auringosta perihelissä ja aphelissä on sama klassisessa ratkaisussa ja suhteellisuusteorian mukaisessa ratkaisussa, voidaan integroimisvakioille johtaa sellaiset arvot perihelin, aphelin ja Schwarzschildin säteen funktiona, jotka lähestyvät klassisella rajalla vastaavia klassisen ratkaisun parametrejä (rataellipsin isoakselin ja pikkuakselin puolikkaiden pituuksia).

4.2 Tyypillinen ratayhtälön laskenta

Lawdenin /2/ kirjassa on esitetty tyypillinen ratayhtälön laskenta, joka löytyy hyvin monista painovoimaa käsittelevistä kirjoista.

Edetään viitteen /2/ mukaisesti. Integroimalla Eulerin yhtälöt (viite /2/ 53.4 ja 53.5 sivu 147) saadaan kaavat (viite /2/ 53.7 ja 53.8, sivu 148)

(4.2.1) $$\frac{d\Phi}{d\tau} = \frac{h}{r^2},$$

(4.2.2) $$\frac{dt}{d\tau} = \frac{kr}{r-\alpha}$$

missä h ja k ovat integroimisvakioita. Yllä olevissa kaavoissa on vakiolle m annettu arvo $\alpha/2$, missä

$$\alpha = \frac{2M}{c^2}$$

on Schwarzschildin säde. Tämä yhteys on annettu Lawdenin kirjassa. Yo kaavoissa φ on radan atzimuuttikulma ja r on etäisyys auringosta.

Yo kaavoissa derivointi on tehty ominaisajan τ:n suhteen

(4.2.3) $$d\tau^2 = -\frac{1}{c^2}\left(\frac{dr^2}{1-\frac{\alpha}{r}} + r^2(d\theta^2 + sin^2\theta d\varphi^2) - \left(1-\frac{\alpha}{r}\right)c^2dt^2\right)$$

Viitteen /1/ ja tämän kirjan terminologian mukaan $\tau = \frac{s}{c}$ on neliulotteinen etäisyys s jaettuna valonnopeudella c.

Planeetan etäisyydelle r auringosta kulman funktiona on annettu differentiaaliyhtälö (viite /2/ kaava 53.10, sivu 148)

(4.2.4) $$r_\varphi^2 = \frac{(k^2-1)c^2}{h^2}r^4 + \frac{\alpha c^2}{h^2}r^3 - r^2 + \alpha r$$

Tehdään yo kaavaan muuttujan vaihto $u = \frac{1}{r}$.
Saadaan (viite /2/ kaava 53.11, sivu 148)

(4.2.5) $$u_\varphi^2 = \frac{(k^2-1)\,c^2}{h^2} + \frac{\alpha c^2}{h^2}u - u^2 + \alpha u^3$$

Derivoimalla φ:n suhteen saadaan (viite /2/ kaava 53.12, sivu 148)

(4.2.6) $$u_{\varphi\varphi} + u = \frac{\alpha c^2}{2h^2} + \frac{3}{2}\alpha u^2$$

Verrataan Lawdenin kirjan kaavoja tämän kirjan kaavoihin. Kaavojen 4.2.1 ja 4.2.2 mukaan

(4.2.7) $$\frac{h}{r^2} = \frac{d\varphi}{d\tau} = \frac{d\varphi}{dt}\frac{dt}{d\tau} = \frac{d\varphi}{dt}\frac{kr}{r-\alpha}$$

eli

(4.2.8) $$\frac{d\varphi}{dt} = \frac{h}{k}\frac{r-\alpha}{r^3}$$

Vertaamalla kaavaan 2.1.3 saadaan

(4.2.9) $$h = k\bar{b}\sqrt{\frac{GM}{\bar{a}}}$$

Sijoitetaan kaavoihin 4.2.4, 4.2.5 ja 4.2.6. Saadaan

(4.2.10) $$r_\varphi^2 = \frac{2\bar{a}(k^2-1)}{k^2\alpha\bar{b}^2}r^4 + \frac{2\bar{a}}{k^2\bar{b}^2}r^3 - r^2 + \alpha r$$

ja

(4.2.11) $$u_\varphi^2 = \frac{2\bar{a}\,(k^2-1)}{k^2\alpha\bar{b}^2} + \frac{2\bar{a}}{k^2\bar{b}^2}u - u^2 + \alpha u^3$$

ja

(4.2.12) $$u_{\varphi\varphi} + u = \frac{\bar{a}}{k^2\bar{b}^2} + \frac{3}{2}\alpha u^2$$

Jos valitaan vakiolle k arvo

(4.2.13) $$k^2 = \frac{\bar{a}}{\bar{a}+\frac{\alpha}{2}}$$

kaavat 4.2.10, 4.2.11 ja 4.2.12 ovat identtiset viitteen /1/ kaavojen 2.8.71, 2.8.76 ja 2.8.77 kanssa. Integroimisvakioille h ja k on siis saatu arvot

(4.2.14) $$h^2 = \frac{GM\bar{b}^2}{\bar{a}+\frac{\alpha}{2}}$$

(4.2.15) $$k^2 = \frac{\bar{a}}{\bar{a}+\frac{\alpha}{2}}$$

Tällöin viitteen /1/ tulokset ja Lawdenin kirjan tulokset ovat identtiset. Sijoitetaan kaavat 2.1.14 ja 2.1.15 saadaan

(4.2.16) $$h^2 = 2GM\frac{r_1^2r_2^2}{(r_1+r_2+\alpha)(r_1-\alpha)(r_2-\alpha)-\alpha^3}$$

(4.2.17) $$k^2 = \frac{(r_1+r_2)(r_1-\alpha)(r_2-\alpha)}{(r_1+r_2)(r_1-\alpha)(r_2-\alpha)+\alpha\left((r_1-\alpha)(r_2-\alpha)-\alpha^2\right)}$$

Tässä integroimisvakiot h ja k on esitetty tunnettujen suureiden eli perihelin ja aphelin etäisyyksien ja Schwarzschildin säteen funktiona. Klassisella rajalla (valonnopeus c → ∞ eli α → 0) saadaan

(4.2.16) $$h^2 = 2GM\frac{r_1r_2}{r_1+r_2} = GM\frac{b^2}{a}$$

(4.2.17) $$k^2 = 1.$$

VIITTEET

/1/ U. Kivi (2020), Painovoima, Newtonin ja Einsteinin teoria helpolla tavalla, 2. korjattu painos, Bod – Books on Demand, Helsinki, Suomi

/2/ D.F.Lawden (1982), Introduction to Tensor Calculus, Relativity and Cosmology, Third Edition, Power Publications, Inc., Mineola, New York

LIITE 1: FORTRAN-OHJELMA

```
! Orbit.f90
!
! FUNCTIONS:
! Orbit – Entry point of console application.
!

!********************************************************************************
!
! PROGRAM: Orbit
!
! PURPOSE:  Entry point for the console application.
!
!********************************************************************************

   program Orbit

   implicit none

   ! Variables

   ! Body of Orbit

     !the 4-degree polynomi that is referenced in many places is the polynomi
     !under the square root in the integral form of the orbit equation
     !the polynomi is: R*(2*A*R*R-(B*B+R*R)*(R-ALF)), and the referenced
     !3-degree polynomi is 2*A*R*R-(B*B+R*R)*(R-ALF)

     !speed of light, mass of sun, gravitation constant, constant pi
     REAL(16) C, M, G, APII
     ! distance from sun, parameter, third root of 4-degree polynimi,
     classical distance (ellipse)
```

```
REAL(16) R, RA, R3, RCOS
!periheli, apheli, half 'major axis', square of half 'minor axis
REAL(16) R1, R2, A, B2
!original values for periheli, apheli, half 'major axis', square of half 'minor axis
REAL(16) RAA1, RAA2, AAA, BAA2
!Schwarzild, periheli shift, differential periheli shift, calculaion parameter,
calculaion parameter
REAL(16) ALF, EDI, DEDI, NJ, NJA
!polar angle inside a loop, classic polar angle inside a loop, total polar angle,
total classic polar angle
REAL(16) FII, FIICL, TFII, TFIICL
!3-degree polynomi argument and value at minimum and argument
and value at maximum
REAL(16) MIR, MIF, MAR, MAF
!zero points of 4-degree polunomi (numerical calculation)
REAL(16) S0, S1, S2, S3
!zero points of 4-degree polunomi (analytic calculation)
REAL(16) SB0,SB1,SB2,SB3
REAL(16) DN, DNA, DR, OSA(100), OSAS, QQ, QQQ, DPF, PF, PFCL
INTEGER(8) NA, NB, HROUNDS, MOD
INTEGER(8) K, N, I, I1, IA, IB, ITOT
INTEGER(8) NJAKAJA, IJAKAJA, IJAKAJAT(100), IJAKAJAI(100)

OPEN(UNIT=1,FILE='TULOS.TXT', DECIMAL = 'COMMA') !output to
Excel, planet orbit
OPEN(UNIT=2,FILE='KULMA.TXT') !output file
APII = 3.1415926535897932Q0 ! value of pi
G = 6.67428Q-11 ! gravitation constant
C = 2.99792458Q8 ! speed of light
M = 1.9891Q30 ! mass of Sun
 !  M = 1.0Q6*M ! 1E6 mass of Sun
 !  M = 1Q6*M ! 1E6X mass of Sun
!   M = 2.5220904Q6*M ! 2.5220904E6X mass of Sun
!   M = 3.0Q6*M ! 3E6 mass of Sun
```

```
!    M = 30.0Q6*M ! 3E6 mass of Sun
!    M = 90.0Q6*M ! 3E6 mass of Sun
!    M = 300.0Q6*M ! 3E6 mass of Sun
     R1 = 46001272Q3 ! planet periheli distance
     R2 = 69817079Q3 ! planet apheli distance
!    R1 = 16237038957.02175Q0 ! planet periheli distance
!    R2 = 90801333579.53153Q0 ! planet apheli distance
     MOD = 1 ! MOD = 1 = change parameters A and B, MOD = -1 = change
     periheli R1 and apheli R2
     HROUNDS = 24 !number of half rounds (= 180 degree)
!    QQ = direction – positive or negative – of radius R change in numerical integration
     QQ = -1.0Q0 !begin calculation from apheli
!    QQ = 1.0Q0 !begin calculation from periheli
     QQQ = QQ
     !integration nodalization for polar angle TFII calculation
     !integration argumant is the distance from sun = R
     NJAKAJA = 5 !nodal disivision divider
     NA = 1 !first major node in numerical integration
     NB = 7 !last major node
     OSA(1) = 1Q0 !relative lenght of first major node
     IJAKAJAT(1) = 1 !number of outputs in first major node
     IJAKAJAI(1) = 10000000 !number of subnodes between outputs in first major node
     OSA(2) = 1Q4
     IJAKAJAT(2) = 2
     IJAKAJAI(2) = 10000000
     OSA(3) = 1Q7
     IJAKAJAT(3) = 2
     IJAKAJAI(3) = 10000000
     OSA(4) = 1Q12
     IJAKAJAT(4) = 10
     IJAKAJAI(4) = 1000000
     OSA(5) = 1Q7
     IJAKAJAT(5) = 2
     IJAKAJAI(5) = 10000000
```

```
OSA(6) = 1Q4
IJAKAJAT(6) = 2
IJAKAJAI(6) = 10000000
OSA(7) = 1Q0 !relative lenght of last major node
IJAKAJAT(7) = 1 !number of outputs in last major node
IJAKAJAI(7) = 10000000 !number of subnodes between outputs in last major node
OSAS = 0
DO N= NA, NB
   IJAKAJAI(N) = NJAKAJA*IJAKAJAI(N)
   OSAS = OSAS + OSA(N)
END DO

ALF = 2Q0*M*G/(C*C) !Schwarzild radius
!    ALF = 0Q0 !calculation is made according to classical mechanics
A = (R1+R2)/2 !half of 'major axis'
B2 = R1*R2 !square of half of 'minor axis' = B**2

! let R1 and R2 be roots of the 4-degree polynomi then
! R3 is the smallest root of the 4-degree polynomi = about the Schwarzild radius
R3 = R1*R2*ALF/((R1-ALF)*(R2-ALF)-ALF*ALF)

CALL MINMAX !calculates the minimum and maximum of the four
degree polynomi
CALL POLYGRAPF !outputs thr graph of the four degree polynomi
!Calculate numerically the roots of the 4-degree polynomi
!R*(2*A*R*R-(B*B+R*R)*(R-ALF)) = 0
CALL NUMROOTS
!calculate the roots analytically
CALL ANAROOTS
CALL POLYGRAPF !outputs thr graph of the four degree polynomi
RAA1 = R1 !original value for periheli
RAA2 = R2 !original value for apheli
AAA = A !original value for half 'major axis'
BAA2 = B2 !original value for half 'minor axis' square B2 = B**2
```

```
! MOD = -1: change apheli and periheli to the largest roots of the 4-degree polynomi
 IF(MOD.LT.0) THEN
   R1 = S2
   IF(MIF.GT.0) THEN !only two roots – S0 and S3
      R1 = S0
   END IF
   R2 = S3
 ! MOD = 1: change values of  A and B2 so that relativistic solution has the same
 ! periheli and apheli as the classical solution with the original A and B2
 ELSE
    A = ((R1+R2)/2Q0)*(R1-ALF)*(R2-ALF)/((R1-ALF)*(R2-ALF)-ALF**2)
    B2 = R1*R2*R1*R2/(R1*R2-ALF*(R1+R2))
END IF


 WRITE(2,*) 'Mercury orbit'
 WRITE(2,*) 'mass of sun, gravitation constant, speed of light'
 WRITE(2,1) M,G,C
 WRITE(2,*) 'original periheli, apheli, parameter A = classically half major axis,
 parameter B = classically half minor axis'
 WRITE(2,1) RAA1, RAA2, AAA, QSQRT(BAA2)
 WRITE(2,*) 'changed periheli, apheli, parameter A = classically half major axis,
 parameter B = classically half minor axis'
 WRITE(2,1) R1, R2, A, QSQRT(B2)
 WRITE(2,*) 'Schwarzild'
 WRITE(2,1) ALF
 WRITE(2,*) 'minimi'
 WRITE(2,1) MIR, MIF
 WRITE(2,*) 'maksimi'
 WRITE(2,1) MAR, MAF
 WRITE(2,*) 'numerical roots'
 WRITE(2,1) S0,S1,S2,S3
 WRITE(2,*) 'analytical roots'
 WRITE(2,1) SB0,SB1,SB2,SB3
```

```
WRITE(2,*) 'numeric integration nodal division'
WRITE(2,*) 'relative lenght of interwall, number of sub interwalls,
number of outputs'
DO I = NA, NB
  WRITE(2,1) OSA(I), IJAKAJAT(I)*IJAKAJAI(I), IJAKAJAT(I)
END DO
WRITE(2,*)
WRITE(2,*) 'calculation result'
WRITE(2,*) 'angle, rel radius , classic ellipse radius, difference (rel – classic)'
WRITE(2,*) 'classic angle (at the same radius as relativistic solution), periheli shift'

!      GOTO 10

!      RA = initial value for radius R
!      R1<R<R2
       IF(QQ.LT.0) THEN
          RA = R2 !begin the calculation from apheli
      ELSE
         RA = R1 !begin the calculation from periheli
      END IF
      TFII = 0 ! polar angle
      TFIICL = 0 ! classical polar angle (with same R)
      FII = 0 ! polar angle in a loop
      FIICL = 0 ! classical polar angle in a loop
      DN = R2-R1
      DPF = 0

      !do a separate calculation for the first time step to get output as
      !close to polar angle coordinate zero as possible
      IJAKAJA = IJAKAJAT(1)*IJAKAJAI(1)
      IF(IJAKAJA.EQ.0) THEN
         GOTO 10
      END IF
      DNA = DN*OSA(1)/OSAS
```

```
    DR = DNA/IJAKAJA
    R = RA+QQQ*DR/2Q0
    FII =  FII+DR/LSA(R)
    FIICL =  FIICL+DR/LSACL(R)
    IF(QQ.LT.0) THEN
      RCOS = R1*R2/((R1+R2)/2+(R2-R1)*QCOS(FII+APII)/2) ! ellipse in polar
      coordinates
    ELSE
      RCOS = R1*R2/((R1+R2)/2+(R2-R1)*QCOS(FII)/2) ! ellipse in polar coordinates
    END IF
!    EDI = (FII-FIICL)*180/APII ! periheli shift in degrees
    EDI = ((FII-FIICL)/(FIICL))*360*3600*100/0.2408Q0 !periheli shift in arc seconds
    WRITE(*,1) FII*180/APII, R+DR/2, RCOS, R+DR/2-RCOS
    WRITE(2,1) FII*180/APII, R+DR/2, RCOS, R+DR/2-RCOS
    WRITE(*,1) FIICL*180/APII, EDI
    WRITE(2,1) FIICL*180/APII, EDI

    !do the calculation – numerical integration – for number HROUNDS half rounds
    !that is for polar angle 0 < TFII < HROUNS*180 degree
    DO K = 1, HROUNDS
    DO N = NA, NB !main nodalization for R
      IJAKAJA = IJAKAJAT(N)*IJAKAJAI(N)
      IF(IJAKAJA.EQ.0) THEN
        GOTO 10
      END IF
      DNA = DN*OSA(N)/OSAS
      DR = DNA/IJAKAJA !delta R in numerical integration
      ITOT = 0 !counter
      FII = 0
      FIICL = 0
      DO I = 1, IJAKAJAT(N)
      FII = 0
      FIICL = 0
      DO I1 = 1, IJAKAJAI(N)
```

```
ITOT = ITOT + 1
R = RA+QQQ*(DR/2Q0+(ITOT-1)*DR) ! distance from sun
FII =  FII+1Q0/LSA(R) !polar angle coordinate
FIICL =  FIICL+1Q0/LSACL(R) !classical polar angle coordinate
DPF = DPF+DR/LSA(R)
!output relativistic orbit, classical orbit, and Schwarzild circle as x,y -coordinates
!and polar angle and periheli shift
IF(DPF.GE.APII/180) THEN
  PF = TFII+FII*DR
  PFCL = TFIICL+FIICL*DR
!      EDI = (PF-PFCL)*180/APII !perihel shift – degrees
EDI = ((PF-PFCL)/(PFCL))*360*3600*100/0.2408Q0 !perihel shift – arc seconds
  DEDI = (LSACL(R)/LSA(R)-1Q0)*360*3600*100/0.2408Q0 !differential
  perihel shift – arc seconds
  IF(QQ.LT.0) THEN
    PF = PF + APII
    PFCL = PFCL + APII
  ELSE
    PF = PF
    PFCL = PFCL
  END IF
  WRITE(1,1) R*QCOS(PF), R*QSIN(PF), R*QCOS(PFCL), R*QSIN(PFCL),
  ALF*QCOS(PF), ALF*QSIN(PF), PF*180/APII, EDI, DEDI
  DPF = 0
END IF
END DO
TFII = TFII + FII*DR !polar angle coordinate
TFIICL = TFIICL + FIICL*DR !classical polar angle coordinate
IF(QQ.LT.0) THEN
  RCOS = R1*R2/((R1+R2)/2+(R2-R1)*QCOS(TFII+APII)/2) !classical
  distance from sun = ellipse
ELSE
  RCOS = R1*R2/((R1+R2)/2+(R2-R1)*QCOS(TFII)/2) !classical distance
  from sun = ellipse
```

```
      END IF
!       EDI = (TFII-TFIICL)*180/APII !perihel shift – degrees
      EDI = ((TFII-TFIICL)/(TFIICL))*360*3600*100/0.2408Q0 !perihel shift –
      arc seconds
      DEDI = (LSACL(R)/LSA(R)-1Q0)*360*3600*100/0.2408Q0 !differential
      perihel shift – arc seconds
      IF(QQ.LT.0) THEN
        PF = TFII + APII
        PFCL = TFIICL + APII
      ELSE
        PF = TFII
        PFCL = TFIICL
      END IF
      WRITE(1,1) R*QCOS(PF), R*QSIN(PF), R*QCOS(PFCL), R*QSIN(PFCL),
      ALF*QCOS(PF), ALF*QSIN(PF), PF*180/APII, EDI, DEDI
      WRITE(*,1) TFII*180/APII, R+QQQ*DR/2, RCOS, R+QQQ*DR/2-RCOS
      WRITE(2,1) TFII*180/APII, R+QQQ*DR/2, RCOS, R+QQQ*DR/2-RCOS
      WRITE(*,1) TFIICL*180/APII, EDI, DEDI
      WRITE(2,1) TFIICL*180/APII, EDI, DEDI
      END DO
      RA = RA+QQQ*OSA(N)*DN/OSAS
    END DO
    QQQ = -QQQ
!     EDI = (TFII-K*APII)*180/APII !perihel shift – degrees
   EDI = ((TFII-K*APII)/(K*APII))*360*3600*100/0.2408Q0 !perihel shift – arc seconds
    WRITE(2,*) 'periheli shift '
    WRITE(2,1) EDI
    WRITE(*,*) 'periheli shift'
    WRITE(*,1) EDI
    END DO
10   WRITE (*,*) 'END'

    CLOSE(UNIT=1) !output to Excel, planet orbit
    CLOSE(UNIT=2) !output file
```

```
1     FORMAT(20(1X,G23.16))


   CONTAINS

   SUBROUTINE NUMROOTS
   !calculates numerically roots of polynomi R*(2*A*R*R-(B*B+R*R)*(R-ALF))
   REAL(16) NJA, X, Y, Z

   S0 = 0
   S1 = 0
   S2 = 0
   S3 = 0

   IF(MIF.GT.0) THEN
      GOTO 20
   END IF
   X = S0
   Y = MIR
     Z = (Y+X)/2Q0
     DO I = 1, 200
        NJA = Z*(2*A*Z*Z-(B2+Z*Z)*(Z-ALF))
        IF (NJA.LT.0) THEN
           Y = Z
        ELSE
           X = Z
        END IF
        Z =(X+Y)/2Q0
        WRITE(*,1) X,Y,Z,NJA
     END DO
   S1 = Z
```

```
  X = MAR
  Y = MIR
    Z = (Y+X)/2Q0
    DO I = 1, 200
      NJA = Z*(2*A*Z*Z-(B2+Z*Z)*(Z-ALF))
      IF (NJA.LT.0) THEN
        Y = Z
      ELSE
        X = Z
      END IF
      Z =(X+Y)/2Q0
      WRITE(*,1) X,Y,Z,NJA
    END DO
  S2 = Z


20    CONTINUE

  X = MAR
  Y = 10*X
    Z = (Y+X)/2Q0
    DO I = 1, 200
      NJA = Z*(2*A*Z*Z-(B2+Z*Z)*(Z-ALF))
      IF (NJA.LT.0) THEN
        Y = Z
      ELSE
        X = Z
      END IF
      Z =(X+Y)/2Q0
     WRITE(*,1) X,Y,Z,NJA
    END DO
  S3 = Z

1  FORMAT(20(1X,G23.16))
```

```
END SUBROUTINE NUMROOTS


SUBROUTINE ANAROOTS
!calculates analytically roots of polynomi R*(2*A*R*R-(B*B+R*R)*(R-ALF))
REAL(16) A0,A1,A2,Q,APU
COMPLEX(16) T,S,D,R

A0 = -B2*ALF
A1 = B2
A2 = -(2*A+ALF)
Q = (3*A1-A2*A2)/9
R = (9*A2*A1-27*A0-2*A2*A2*A2)/54
D = Q*Q*Q+R*R
S = (R+SQRT(D))**(1.0Q0/3.00Q0)
T = (R-SQRT(D))**(1.0Q0/3.00Q0)
SB3 = -A2/3+REAL(S+T)
SB0 = 0
APU = 2*A+ALF-SB3
SB1 = (APU-QSQRT(APU**2-4*B2*ALF/SB3))/2Q0
SB2 = (APU+QSQRT(APU**2-4*B2*ALF/SB3))/2Q0


1  FORMAT(20(1X,G23.16))
END SUBROUTINE ANAROOTS

SUBROUTINE MINMAX
REAL(16) RR,RRQ

RR = (2*A+ALF)/3
RRQ = QSQRT(RR*RR-B2/3)
MIR = RR-RRQ ! R at polynomi minimum
MIF = 2*A*MIR*MIR-(B2+MIR*MIR)*(MIR-ALF) !value of polynomi at minimum
MAR = RR+RRQ ! R at polynomi maximum
```

```
MAF = 2*A*MAR*MAR-(B2+MAR*MAR)*(MAR-ALF) !value of polynomi
at maximum

1 FORMAT(20(1X,G23.16))
END SUBROUTINE MINMAX

SUBROUTINE POLYGRAPF
!calculates the polynomi R*(2*A*R*R-(B*B+R*R)*(R-ALF)) graph
REAL(16) X, Y, Z, DX
OPEN(UNIT=3,FILE='POLYN.TXT', DECIMAL = 'COMMA') !output to Excel,
four degree polynomi

DX = 2*MIR/200
X = -MIR
DO I = 1,200
   Y = X*((2*A*X*X-(B2+X*X)*(X-ALF)))/B2
   WRITE(3,1) X,Y,S0,S1,S2,S3
   X = X+DX
END DO
DX = (MAR-MIR)/200
X = MIR
DO I = 1,200
   Y = X*((2*A*X*X-(B2+X*X)*(X-ALF)))/B2
   WRITE(3,1) X,Y,S0,S1,S2,S3
   X = X+DX
END DO
DX = (S3-MAR)/200
X = MAR
DO I = 1,200
   Y = X*((2*A*X*X-(B2+X*X)*(X-ALF)))/B2
   WRITE(3,1) X,Y,S0,S1,S2,S3
   X = X+DX
END DO
DX = 0.1*S3/200
```

```
   X = S3
   DO I = 1,200
      Y = X*((2*A*X*X-(B2+X*X)*(X-ALF)))/B2
      WRITE(3,1) X, Y, S0,S1,S2,S3
      X = X+DX
      IF(Y.LT.0) THEN
         GOTO 30
      END IF
   END DO
30 CONTINUE
   CLOSE(UNIT=3) !output to Excel, four degree polynomi

1  FORMAT(20(1X,G23.16))
   END SUBROUTINE POLYGRAPF


   REAL(16) FUNCTION LSA(R)
     REAL(16) R
     LSA = QSQRT((R*(2*A*R*R-(B2+R*R)*(R-ALF)))/B2)
   END FUNCTION LSA


   REAL(16) FUNCTION LSACL(R)
     REAL(16) R
     LSACL = QSQRT((R*((R1+R2)*R*R-(R1*R2+R*R)*R))/R1/R2)
   END FUNCTION LSACL


   end program Orbit
```

LIITE 2: MERKURIUKSEN RATA

Mercury orbit

mass of sun, gravitation constant, speed of light

0.1989100000000000E+31 0.6674280000000000E-10 299792458.0000000

original periheli, apheli, parameter A = classically half major axis, parameter B = classically half minor axis

46001272000.00000	69817079000.00000	57909175500.00000	56671637009.39376

changed periheli, apheli, parameter A = classically half major axis, parameter B = classically half minor axis

46001272000.00000	69817079000.00000	57909175500.00016	56671640028.17253

Schwarzild

2954.266225571882

minimi

18115285919.05607 -0.2611780232806819E+32

maksimi

59096950050.45475 0.8296484452722052E+31

numerical roots

0.000000000000000	2954.266540307006	46001257633.15288	69817093366.84681

analytical roots

0.000000000000000	2954.266540307006	46001257633.15288	69817093366.84681

numeric integration nodal division

relative lenght of interwall, number of sub interwalls, number of outputs

1.000000000000000	50000000	1
10000.00000000000	100000000	2
10000000.00000000	100000000	2
1000000000000.000	50000000	10
10000000.00000000	100000000	2
10000.00000000000	100000000	2
1.000000000000000	50000000	1

calculation result

angle, rel radius , classic ellipse radius, difference (rel – classic)

classic angle (at the same radius as relativistic solution), periheli shift (integral and differential)

0.9301487270623908E-08 69817079000.00000 69817079000.00000 0.2381532247710627E-
09

0.9301486578359050E-08 40.05607955179374

0.9301089420033844E-04 69817078999.97618 69817078999.97619 -0.2033709337098964E-
05

0.9301088727799505E-04 40.05602696590680 40.05602695827757

0.6577798436475332E-02 69817078880.89953 69817078880.89966 -0.1263452966972289E-
03

0.6577797946922147E-02 40.05602696485620 40.05602697769819

0.9301948380927196E-02 69817078761.82288 69817078761.82305 -0.1682877129290899E-
03

0.9301947688628929E-02 40.05602697129826 40.05602699711918

0.2081957712174155 69816959685.17180 69816959685.15860 0.1319989352388401E-01

0.2081957557224258 40.05603344490493 40.05604641814883

0.2942867233304303 69816840608.52071 69816840608.49167 0.2903872761832680E-01

0.2942867014281098 40.05603991861123 40.05606583924493

30.28152007766668 67435307586.81657 67435307253.66863 333.1479419379187

30.28151781634843 40.19134737712191 40.45820584351760

44.18108541112967 65053774565.11243 65053773936.18354 628.9288851469012

44.18108209967241 40.33957559021501 40.88978952237961

55.97216949778092 62672241543.40828 62672240659.51668 883.8916016401676

55.97216528556431 40.50299212459906 41.35417339443588

67.07013797203571 60290708521.70414 60290707426.85989 1094.844250910989

67.07013290200814 40.68456466176600 41.85524436436979

78.13358461171985 57909175500.00000 57909174242.82749 1257.172506053502

78.13357867579197 40.88833428552439 42.39752873758780

89.66331442790608 55527642478.29586 55527641114.70682 1363.589033419627

89.66330757743208 41.12012120287357 42.98632933697089

102.2267150278731 53146109456.59172 53146108055.18496 1401.406759858858

102.2267071664480 41.38904720738968 43.62789948570179

116.7346527648361 50764576434.88757 50764575089.86049 1345.027084807346

116.7346437177730 41.71155468559234 44.32966596272955

135.3469470487371 48383043413.18343 48383042287.02727 1126.156163038082

135.3469364548062 42.12667909460285 45.10051780475199

179.5533705887139 46001510391.47929 46001510376.20453 15.27475653371635

179.5533562445156 42.99631848283822 45.95118481718574

179.6840317765371 46001391314.82820 46001391304.01357 10.81462998183142

179.6840174211832 42.99846719600077 45.95122964210671

179.9858965825391 46001272238.17712 46001272237.69330 0.4838207104138415

179.9858822014124 43.00341949440436 45.95127437778905

179.9900310810973 46001272119.10047 46001272118.75840 0.3420663901455884

179.9900166996176 43.00348720872011 45.95127442252530

179.9998731769515 46001272000.02382 46001272000.01922 0.4594834324734613E-02

179.9998587946315 43.00364838885838 45.95127446726110

180.0000143415050 46001272000.00000 46001272000.00025 -0.2457862967914908E-03

179.9999999591729 43.00365070052663 45.95132205831432

periheli shift

42.88157627846215

180.0001555060584 46001272000.02382 46001272000.02890 -0.5082340545257474E-02

180.0001411237143 43.00365301219125 45.95127446726135

180.0099976019126 46001272119.10047 46001272119.44278 -0.3423104905736969

180.0099832187282 43.00381417419882 45.95127442252530

180.0141321004708 46001272238.17712 46001272238.66110 -0.4839861433032916

180.0141177169334 43.00388187038384 45.95127437778950

180.3159969064728 46001391314.82820 46001391325.67495 -10.84674905811947

180.3159824971626 43.00881603808922 45.95122964210760

180.4466580942960 46001510391.47929 46001510406.82306 -15.34377068986961

180.4466436738301 43.01094662062725 45.95118490665686

224.6530816342728 48383043413.18343 48383045340.76380 -1927.580369713946

224.6530634635396 43.53200058540990 45.10051796651100

243.2653759181738 50764576434.88757 50764579361.82186 -2926.934290269849

243.2653562005728 43.62368295792767 44.32966610966728

257.7733136551368 53146109456.59172 53146113178.89383 -3722.302115243382

257.7732927518978 43.64396373187584 43.62789961976571

270.3367142551038 55527642478.29586 55527646837.61630 -4359.320440160733

270.3366923409137 43.62836606275448 42.98632945978164

281.8664440712901 57909175500.00000 57909180334.25436 -4834.254356221632

281.8664212425538	43.59001796203717	42.39752885050500	
292.9298907109742	60290708521.70414	60290713640.67039	-5118.966251173677
292.9298670163376	43.53463584866174	41.85524446854253	
304.0278591852290	62672241543.40828	62672246701.61995	-5158.211669821472
304.0278346327815	43.46402721606390	41.35417349084195	
315.8189432718802	65053774565.11243	65053779410.61420	-4845.501771180770
315.8189178186734	43.37633806827941	40.88978961185629	
329.7185086053432	67435307586.81657	67435311509.90319	-3923.086623960808
329.7184821019973	43.26193410838944	40.45820592678599	
359.7057419596795	69816840608.52071	69816840654.95938	-46.43866677507361
359.7057132169177	43.00606223479543	40.05606587808738	
359.7918329117925	69816959685.17180	69816959718.03211	-32.86031527671328
359.7918041626234	43.00535635750662	40.05604641814922	
359.9907267346290	69817078761.82288	69817078763.28965	-1.466764024649976
359.9906979706572	43.00372686538836	40.05602699711938	
359.9934508845734	69817078880.89953	69817078881.93609	-1.036554581091203
359.9934221203989	43.00370455949228	40.05602697769819	
359.9999356721157	69817078999.97618	69817078999.98861	-0.1242463015727563E-01
359.9999069074585	43.00365146208544	40.05602695827741	
360.0000286830099	69817079000.00000	69817078999.99774	0.2264651221956433E-02
359.9999999183458	43.00365070052663	40.05607955179374	

periheli shift

42.88157627846215

.

.

.

3960.000408524003	69817078999.97618	69817078999.54060	0.4355804885745141
3960.000092112691	43.00365063129403	40.05602695827757	
3960.006893311545	69817078880.89953	69817078869.20002	11.69951820635744
3960.006576899751	43.00364580435462	40.05602697769819	
3960.009617461490	69817078761.82288	69817078745.39156	16.43131877214705
3960.009301049492	43.00364377664347	40.05602699711918	
3960.208511284326	69816959685.17180	69816959323.25100	361.9207957396988
3960.208194857526	43.00349573862263	40.05604641814883	

3960.294602236439	69816840608.52071	69816840097.04799	511.4727232232440
3960.294285803232	43.00343166562884	40.05606583924493	
3990.281835590776	67435307586.81657	67435260434.88302	47151.93354779262
3990.281516918152	42.98230864412495	40.45820584351760	
4004.181400924239	65053774565.11243	65053713717.32100	60847.79142634089
4004.181081201476	42.97425599564654	40.88978952237961	
4015.972485010890	62672241543.40828	62672174196.32278	67347.08550236198
4015.972164387368	42.96879804980963	41.35417339443588	
4027.070453485145	60290708521.70414	60290639074.94204	69446.76209957816
4027.070132003812	42.96502673726492	41.85524436436979	
4038.133900124829	57909175500.00000	57909107237.17429	68262.82571132042
4038.133577777596	42.96272158355900	42.39752873758780	
4049.663629941015	55527642478.29586	55527578162.77935	64315.51650625528
4049.663306679236	42.96194760772860	42.98632933697089	
4062.227030540982	53146109456.59172	53146051694.48921	57762.10250659771
4062.226706268252	42.96301889673583	43.62789948570179	
4076.734968277945	50764576434.88757	50764528098.40391	48336.48366756908
4076.734642819577	42.96665237192112	44.32966596272955	
4095.347262561846	48383043413.18343	48383008696.05297	34717.13046068764
4095.346935556610	42.97466770541354	45.10051780475199	
4139.553686101823	46001510391.47929	46001510039.53051	351.9487807881690
4139.553355346319	43.00333266517797	45.95118481718574	
4139.684347289646	46001391314.82820	46001391065.86818	248.9600242471155
4139.684016522987	43.00342570921961	45.95122964210671	
4139.986212095648	46001272238.17712	46001272227.17720	10.99992093810348
4139.985881303216	43.00364064884069	45.95127437778905	
4139.990346594206	46001272119.10047	46001272111.36003	7.740436914425393
4139.990015801421	43.00364359256432	45.95127442252530	
4140.000188690061	46001272000.02382	46001272000.04255	-0.1873140683312691E-01
4139.999857896435	43.00365060001939	45.95127446726110	
4140.000329854614	46001272000.00000	46001272000.13002	-0.1300209510409283
4139.999999060976	43.00365070052663	45.95132205831432	

periheli shift

42.88157627846215

4140.000471019167	46001272000.02382	46001272000.26512	-0.2413064288756879
4140.000140225518	43.00365080103386	45.95127446726135	
4140.010313115022	46001272119.10047	46001272127.10070	-8.000231344433779
4140.009982320532	43.00365780845466	45.95127442252530	
4140.014447613580	46001272238.17712	46001272249.43675	-11.25963670066519
4140.014116818737	43.00366075214402	45.95127437778950	
4140.316312419582	46001391314.82820	46001391564.07990	-249.2516937450469
4140.315981598966	43.00387565749167	45.95122964210760	
4140.446973607405	46001510391.47929	46001510743.75663	-352.2773454579067
4140.446642775634	43.00396866726024	45.95118490665686	
4184.653397147382	48383043413.18343	48383078931.99323	-35518.80980287857
4184.653062565343	43.03201515952598	45.10051796651100	
4203.265691431283	50764576434.88757	50764626353.51555	-49918.62797347340
4203.265355302376	43.03953527007022	44.32966610966728	
4217.773629168246	53146109456.59172	53146169539.79335	-60083.20163773241
4217.773291853701	43.04278405053423	43.62789961976571	
4230.337029768213	55527642478.29586	55527709789.69726	-67311.40140489324
4230.336691442717	43.04357269657504	42.98632945978164	
4241.866759584399	57909175500.00000	57909247339.99214	-71839.99214082768
4241.866420344357	43.04261403061715	42.39752885050500	
4252.930206224083	60290708521.70414	60290781992.58361	-73470.87946837602
4252.929866118141	43.04022346653202	41.85524446854253	
4264.028174698338	62672241543.40828	62672313164.69805	-71621.28976048797
4264.027833734585	43.03647583220782	41.35417349084195	
4275.819258784989	65053774565.11243	65053839629.22611	-65064.11368640523
4275.818916920477	43.03117799376690	40.88978961185629	
4289.718824118452	67435307586.81657	67435358328.27805	-50741.46148107910
4289.718481203801	43.02350300868294	40.45820592678599	
4319.706057472788	69816840608.52071	69816841165.80522	-557.2845034807132
4319.705712318721	43.00385151111695	40.05606587808738	
4319.792148424902	69816959685.17180	69816960079.34185	-394.1700532762438
4319.791803264427	43.00379276325328	40.05604641814922	
4319.991042247738	69817078761.82288	69817078779.12327	-17.30038318188813
4319.990697072461	43.00365704744811	40.05602699711938	

4319.993766397682	69817078880.89953	69817078893.03786	-12.13833122008434
4319.993421222202	43.00365518869859	40.05602697769819	
4320.000251185225	69817078999.97618	69817078999.82632	0.1498607702339544
4319.999906009262	43.00365076398985	40.05602695827741	
4320.000344196119	69817079000.00000	69817078999.67389	0.3261097760051746
4319.999999020149	43.00365070052663	40.05607955179374	

periheli shift

42.88157627846215

LIITE 3: 4-ASTEEN POLYNOMIN NOLLAKOHTIEN MÄÄRITTÄMINEN

Numeerinen ratkaisu

Nollakohdan haku tehdään yksinkertaisimmalla mahdollisella numeerisella menetelmällä. Aloitetaan nollakohdan eri puolilla olevista pisteistä, joista toisessa 4-asteen polynomi f(r) on positiivinen ja toisessa negatiivinen. Puolitetaan jana ja toistetaan puolitus sille janan puolikkaalle, jossa nollakohta nyt sijaitsee. Puolittamista jatketaan niin kauan, että nollakohta on saatu selville riittävällä tarkkuudella. Algoritmin yksinkertaisuuden vuoksi menetelmä suppenee nopeasti ja varmasti, jos vaan on löydetty aluksi sellainen jana, jolla nollakohta sijaitsee ja jolla se on ainoa nollakohta.

Analyyttinen ratkaisu

Etsitään lausekkeen 2.1.6 juurrettavan polynomin nollakohdat

(A.3.1) $$f(r) = r\left(2\bar{a}r^2 - \left(\bar{b}^2 + r^2\right)(r - \alpha)\right) = 0.$$

Yksi juuri on nolla r = 0 ja jäljelle jää kolmannen asteen yhtälö

(A.3.2) $$r^3 - (2\bar{a} + \alpha)r^2 + \bar{b}^2 r - \bar{b}^2\alpha = 0.$$

Kolmannen asteen yhtälön ratkaisukaavan mukaan yhtälön

(A.3.3) $$r^3 + a_2 r^2 + a_1 r + a_0 = 0.$$

yksi ratkaisu on

(A.3.4) $$r_1 = -\frac{a_2}{3} + S + T$$

missä

(A.3.5) $$S = \sqrt{R + \sqrt{D}},\ T = \sqrt{R - \sqrt{D}}$$

(A.3.6) $$D = Q^3 + R^2,\ R = \frac{9a_2a_1 - 27a_0 - 2a_2^3}{54},\ Q = \frac{3a_1 - a_2^2}{9}$$

Yhtälössä A.3.3

(A.3.7) $$a_0 = -\bar{b}^2\alpha,\ a_1 = \bar{b}^2,\ a_2 = -(2\bar{a} + \alpha)$$

joten voidaan laskea arvot Q:lle ja R:lle

(A.3.8) $$Q = \frac{3\bar{b}^2 - (2\bar{a}+\alpha)^2}{9}$$

(A.3.9) $$R = \frac{18\bar{b}^2(\alpha-\bar{a}) + 2(2\bar{a}+\alpha)^3}{54}$$

ja siten myös juuri r_1 voidaan laskea lausekkeesta A.3.4.
Kun yhtälön A.3.3 yksi juuri r_1 tunnetaan kaksi muuta saadaan identiteetistä

(A.3.10)
$$r^3 - (2\bar{a} + \alpha)r^2 + \bar{b}^2r - \bar{b}^2\alpha \equiv r^3 - (r_1 + r_2 + r_3)r^2 + (r_1r_2 + r_1r_3 + r_2r_3)r - r_1r_2r_3$$

ja niiden arvot ovat

(A.3.11) $$r_2 = \frac{2\bar{a}+\alpha-r_1+\sqrt{(2\bar{a}+\alpha-r_1)^2-\frac{4\bar{b}^2\alpha}{r_1}}}{2}$$

(A.3.12) $$r_3 = \frac{2\bar{a}+\alpha-r_1-\sqrt{(2\bar{a}+\alpha-r_1)^2-\frac{4\bar{b}^2\alpha}{r_1}}}{2}$$

Ohjelmassa on käytetty tätä ratkaisutapaa numeerisen laskun tarkastamiseen.